全国高职高专教育"十二五"规划教材

电工电子技术基础

主　编　胡春玲　姜　辉

副主编　乔继刚　郑　凯

主　审　杨俊伟

东南大学出版社

·南京·

图书在版编目(CIP)数据

电工电子技术基础 / 胡春玲,姜辉主编. —南京：
东南大学出版社,2015.9
ISBN 978-7-5641-5900-9

Ⅰ. ①电… Ⅱ. ①胡… ②姜… Ⅲ. ①电工技术－
高等职业教育－教材②电子技术－高等职业教育－教材
Ⅳ. ①TM ②TN

中国版本图书馆 CIP 数据核字(2015)第 198103 号

电工电子技术基础

出版发行：东南大学出版社
社　　址：南京市四牌楼 2 号　邮编：210096
出 版 人：江建中
网　　址：http://www.seupress.com
经　　销：全国各地新华书店
印　　刷：南京玉河印刷厂
开　　本：787mm×1092mm　1/16
印　　张：8.75
字　　数：204 千字
版　　次：2015 年 9 月第 1 版
印　　次：2015 年 9 月第 1 次印刷
印　　数：1—3000 册
书　　号：ISBN 978-7-5641-5900-9
定　　价：20.00 元

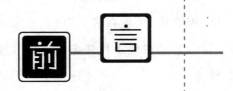

前言

本书从高职教育的实际情况出发,紧扣高职办学理念,以产品制作为载体,突出培养学生的实际操作能力、自我学习能力和良好的职业道德。本书共有5个项目,具体内容如下:

项目一:安全用电基础及照明电路的安装与调试。通过完成简单的照明电路的安装与调试的工作任务,使学生掌握常用的电工工具和仪表的使用、导线的剖削与连接、基本的照明元器件的安装工艺等技能以及交流电路的基本知识。

项目二:低压电器元件的识别及三相异步电动机的基本控制。通过完成该任务,使学生学会常用低压电器元件的识别与使用、电动机控制电路的工作过程分析,并能够对低压电器常见故障进行排除。

项目三:分立式功率放大器的制作与调试。通过完成功率放大器的制作与调试的工作任务,使学生掌握常用的电子元器件的识别与检测、常用电子仪器的使用、焊接技术以及基本放大电路的知识。

项目四:直流稳压电源的制作与调试。通过完成直流稳压电源的制作与调试的工作任务,使学生进一步巩固电子元器件的使用和焊接技术等技能,并使学生掌握整流电路、滤波电路、稳压电路的工作原理。

项目五:八路抢答器的安装与调试。通过完成本任务,使学生掌握基本逻辑门电路和集成逻辑门电路的功能、译码器和计数器的工作原理、555定时器的典型应用以及提高综合运用所学知识进行分析和设计的能力。

本书主要特色如下：

1.从机电一体化、电气自动化等专业所必需的综合职业能力的角度出发，为基于工作过程的课程开发、成果导向教学的实施找到了新载体，充分体现了"淡化理论、够用为度、培养技能、重在应用"的编写原则，以培养电工电子应用技能和相关职业能力为基本目标，紧紧围绕工作任务完成的需要来选择和组织课程内容，体现了知识的实用性和可操作性。

2.打破了传统的电工电子技术课程体系，不以知识的系统性设计课程体系，而以典型的产品制作为载体，以完成工作任务为目标来设计课程体系，学生在工作过程中掌握电工电子技术的相关知识和技能，锻炼学生的自主学习和实际操作能力，提高学生的技能水平。

3.在每个教学项目结束都有常见故障分析及技能提高，意在锻炼学生分析问题和解问题的能力，使其做到能够分析简单的常见故障，并能够进行简单的故障处理。

本书由黑龙江职业学院胡春玲、黑龙江农业经济职业学院姜辉担任主编，宿迁泽达职业技术学院乔继刚、郑凯担任副主编，黑龙江职业学院杨俊伟主审。本书在编写过程中得到了相关行业企业和职业院校的鼎力支持和配合，在此表示衷心的感谢！

由于编者的经验、水平以及时间的限制，书中难免存在不足和疏漏，敬请专家、广大读者批评指正。

编者

2015 年 5 月

目　录

项目一 ☞
安全用电基础与照明电路的安装与调试

任务一 认识供电配电系统

工作思考

1. 我们的电是从哪来的?
2. 电是如何进行传输的?
3. 怎么样才能保证电安全地传输给我们?

知识链接

1.1 电力系统

由于电能不能大量储存,电能的生产、传输、分配和使用就必须在同一时间内完成。这就需要将发电厂发出的电能通过输电线路、配电线路和变电所配送,将发电厂和用电设备有机地连接在一起构成一个"整体"。

我们将这个由发电、送电、变电、配电和用电五个环节组成的"整体"称为电力系统,如图 1-1所示。

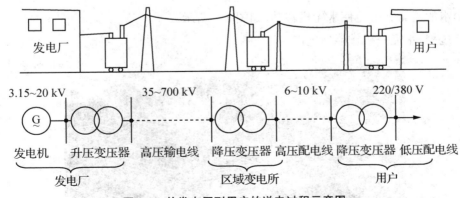

图 1-1 从发电厂到用户的送电过程示意图

1.2 发电厂

发电厂是实现把其他形式的能源转化成电能的场所。现在我国的发电厂主要有火力发电厂、水力发电厂、核能发电厂等。

此外,还有利用地热资源、再生资源(太阳光能、太阳热、风力、潮汐、波浪、海流)等其他形式的能源进行发电的电厂。

根据电厂容量大小及其供电范围,发电厂可分为区域性发电厂、地方性发电厂和自备电厂等。

图 1-2 火力发电厂

利用燃煤(或石油、天然气)燃烧使汽轮机转动,如图 1-2 所示。

生产过程:化学能→热能→机械能→电能

图 1-3 水力发电厂

利用水的流量和落差使水轮机转动,如图 1-3 所示。

生产过程:水能→机械能→电能

图 1-4 核电站

利用原子能在反应堆的核裂变使汽轮机转动,如图1-4所示。

生产过程:原子能→机械能→电能

图1-5　风力发电站

风力发电是利用风力带动风车叶片旋转,再通过增速机将旋转的速度提升,来促使发电机发电。依据目前的风车技术,大约是3 m/s的微风速度,便可以开始发电,如图1-5所示。

生产过程:风能→机械能→电能

1.3　变电所

变电所可分为:升压变电所、降压变电所、区域变电所、终端变电所等,如图1-6所示。

图1-6　变电所

各种发电厂的发电机发出的电是对称的三相正弦交流电,频率相同、有效值相等、相位分别相差120°,三相电压为E_U、E_V、E_W。

1.4　电力网

电力系统中连接发电厂和用户的中间环节称为电力网,它是由各种电压等级的输配电线路和变电所组成。电力网按其功能可分为输电网和配电网。

输电网是电力系统的主网,它是由35 kV及以上的输电线和变电所组成。

配电网是由10 kV及其以下的配电线路和配电变压器组成。

电力网的电压等级有高压和低压之分,我国现在统一以1 000 V(或略高,如GB1497-1985《低压电器基本标准》规定:交流50 Hz、额定电压1 200 V及以下或直流额定电压

1 500 V及以下的电器,属于其标准所指的低压电器)为界限来划分电压的高低。即:

低压——指额定电压在 1 000 V 及以下者。

高压——指额定电压在 1 000 V 及以上者。

此外,尚有细分为低压、中压、高压、超高压和特高压者:1 000 V 及以下为低压;1 000 V 至 10 kV(35 kV)为中压;35 kV(或以上)至 110 kV(或 220 kV 以上)为高压;220 kV(或 330 kV 以上)为超高压;800 kV(或 1 000 kV 以上)为特高压。不过这种电压高低的划分,尚无统一标准,因此划分的界限并不十分明确。

电力输送设备是由输电线路、变电站和配电线路等组成。输送电能通常采用三相三线制交流输电方式。

1.4.1 输电线路

采用高压、超高压远距离输电是各国普遍采用的途径。目前我国常用的输电电压等级有:35 kV,110 kV,220 kV,330 kV,500 kV 等。

输电过程中,一般将发电机组发出的 6～10 kV 电压经升压变压器变为 35～500 kV 高压,再利用降压变压器将 35 kV 高压变为 6～10 kV 高压。通过输电线可远距离将电能传送到各用户。

1.4.2 变电所

变电所有升压变电所与降压变电所之分。

根据供电的范围不同,变电所可分为一次(枢纽)变电所和二次变电所。一次变电所是从 110 kV 以上的输电网受电,将电压降到 35～110 kV,供给一个大的区域用电。二次变电所,大多数从 35～110 kV 输电网络受电,将电压降到 6～10 kV,向较小范围供电。

1.4.3 配电线路

配电的作用是将电能分配到各类用户。常用的配电电压有 10 kV 或 6 kV 高压和 380/220 V 低压。由 10 kV 或 6 kV 高压供电的用户称为高压用户。由 380/220 V 低压供电的用户称为低压用户。低压配电线路是指经配电变压器,将高压 10 kV 降低到 380/220 V 等级的线路。

1.4.4 电力负荷

第一类负荷:指中断供电将造成人身伤亡者、重大的政治影响、重大的经济损失或公共场所秩序严重混乱的负荷。对第一类负荷应有两个或两个以上独立电源供电。

第二类负荷:指中断供电将造成较大的经济损失(如大量产品报废)或造成公共场所秩序混乱的负荷(如大型体育场馆、剧场等)。对第二类负荷尽可能要有两个独立的电源供电。

第三类负荷:不属于一、二类电力负荷者是第三类负荷。第三类负荷对供电没有什么特别要求,可以非连续性地供电,如小城镇公共用电、机修车间等,通常用一个电源供电。

常见的低压供电系统:

在三相交流电力系统中,作为供电电源的发电机和变压器的三相绕组的接法通常采用星形连接方式。当从中性点引出中性线时,就形成了三相四线制系统。

任务二　安全用电常识

 工作思考

1. 电流会对人体造成哪些影响?
2. 产生触电事故的原因有哪些?应采取哪些预防措施?

 知识链接

2.1　电流

2.1.1　电流对人体的伤害

电流对人体的伤害有三种:电击、电伤和电磁场伤害。

电击是指电流通过人体内部,破坏人体心脏、肺及神经系统的正常功能。

电伤是指电流的热效应、化学效应和机械效应对人体的伤害。电伤会在人体皮肤表面留下明显的伤痕,常见的有灼伤、电烙伤和皮肤金属化等现象。它一般是非致命的。

电磁场伤害是指在高频磁场的作用下,人会出现头晕、乏力、记忆力减退、失眠、多梦等神经系统的症状。

一般认为:电流通过人体的心脏、肺部和中枢神经系统的危险性比较大,特别是电流通过心脏时,危险性最大,所以从手到脚的电流途径最为危险。

触电还容易因剧烈痉挛而摔倒,导致电流通过全身并造成摔伤、坠落等二次事故。

2.1.2　影响触电危险程度的因素

1. 电流大小对人体的影响

通过人体的电流越大,人体的生理反应就越明显,感应就越强烈,引起心室颤动所需的时间就越短,致命的危害就越大。

2. 电流的类型

工频交流电的危害性大于直流电,因为交流电主要是麻痹破坏神经系统,往往难以自主摆脱。一般认为 40～60 Hz 的交流电对人最危险。随着频率的增加,危险性将降低。

3. 电流的作用时间

当人体触电,通过电流的时间越长,越易造成心室颤动,生命危险性就越大。据统计,触电 1~5 分钟内急救,90% 有良好的效果;10 分钟内急救,有 60% 救生率;超过 15 分钟,希望甚微。

4. 电流路径

电流通过头部可使人昏迷;通过脊髓可能导致瘫痪;通过心脏会造成心跳停止,血液循环中断;通过呼吸系统会造成窒息。因此,从左手到脚是最危险的电流路径;从手到手、从手到脚也是很危险的电流路径;从脚到脚是危险性较小的电流路径。

5. 人体电阻

人体电阻是不确定的电阻,皮肤干燥时一般为 $100\ \text{k}\Omega$ 左右,而一旦潮湿可降到 $1\ \text{k}\Omega$。人体不同,对电流的敏感程度也不一样,一般地说,儿童较成年人敏感,女性较男性敏感。患有心脏病者,触电后的死亡可能性就更大。

2.2 安全电压

安全电压是指人体不戴任何防护设备时,触及带电体不受电击或电伤。

国家标准制定了安全电压系列,称为安全电压等级或额定值,这些额定值指的是交流有效值,分别为:42 V、36 V、24 V、12 V、6 V 等几种。

根据生产和作业场所的特点,采用相应等级的安全电压,是防止发生触电伤亡事故的根本性措施。国家标准《安全电压》(GB3805—83)规定我国安全电压额定值的等级为 42 V、36 V、24 V、12 V 和 6 V,应根据作业场所、操作员条件、使用方式、供电方式、线路状况等因素选用。例如特别危险环境中,使用的手持电动工具应采用 42 V 安全电压;有电击危险环境中,使用的手持照明灯和局部照明灯应采用 36 V 或 24 V 安全电压;金属容器内、特别潮湿处等特别危险环境中,使用的手持照明灯就采用 12 V 安全电压;水下作业等场所应采用 6 V 安全电压。

2.3 常见的触电形式

常见的触电形式有三种:单相触电、两相触电、跨步电压触电。

单相触电:当人站在地面上或其他接地体上,人体的某一部位触及一相带电体时,电流通过人体流入大地(或中性线),称为单相触电,如图 1-7 所示。

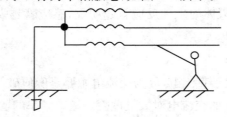

图 1-7   单相触电

两相触电：也叫相间触电，这是指在人体与大地绝缘的情况下，同时接触到两根不同的相线，或者人体同时触及到电气设备的两个不同相的带电部位时，电流由一根相线经过人体到另一根相线，形成闭合回路，如图1-8所示。

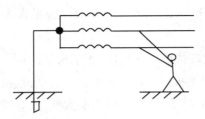

图1-8　双相触电

跨步电压触电：当带电体接地时有电流向大地流散，在以接地点为圆心，半径20 m的圆面积内形成分布电位。人站在接地点周围，两脚之间（以0.8 m计算）的电位差称为跨步电压U_k，由此引起的触电事故称为跨步电压触电。距离电流入地点越近，人体承受的跨步电压越大；距离电流入地点越远，人体承受的跨步电压越小；在20 m以外，跨步电压很小，可以看作为零，如图1-9所示。

图1-9　跨步电压触电

一般说来，在以上这三种形式中，以两相触电对人体的伤害最大。两相触电比单相触电更危险，因为此时加在人体心脏上的电压是线电压！

2.4　触电事故的预防

1．产生触电事故的原因

（1）缺乏用电常识，触及带电的导线。

（2）没有遵守操作规程，人体直接与带电体部分接触。

（3）由于用电设备管理不当，使绝缘损坏，发生漏电，人体碰触漏电设备外壳。

（4）高压线路落地，造成跨步电压引起对人体的伤害。

（5）检修中，安全组织措施和安全技术措施不完善，接线错误，造成触电事故。

（6）其他偶然因素，如人体受雷击等。

2．安全措施

（1）停电工作中的安全措施。

在线路上作业或检修设备时,应在停电后进行,并采取下列安全技术措施:①切断电源;②验电;③装设临时地线。

(2)防止触电应采取的安全措施。

触电能使人造成烧伤或死亡,但是事故的多数原因是人为造成的。用电中注意以下问题,可以预防触电事故。

①损坏的开关、插销等应赶快修理或更换,不能将就使用。

②不懂电气技术和一知半解的人,对电气设备不要乱拆、乱装,更不要乱接电线。

③灯头用的软线不要东拉西扯,灯头距地不要太低,扯灯照明时,不要往铁丝上搭。

④电灯开关最好用拉线开关,尤其是土地潮湿的房间里,不要用床头开关和灯头开关。

⑤屋内电线太乱或发生问题时,不能私自摆弄,一定要找电气承装部门或电工来改修。

⑥拉铁丝搭东西时,注意不要接触到附近的电线。

⑦屋外电线和进户线要架设牢固,以免被风吹断,发生危险。

⑧电线折断时,不要靠近或用手去拿,应找人看守,赶快通知电工修理。

⑨不要用湿手、湿脚接触电气设备和开关插头,以免触电。

⑩大清扫时,不要用湿抹布擦电线、开关和插头,也不要用水冲洗电线及各种用电器具、电灯和收音机等。

任务三　触电急救与电气消防

工作思考

1. 触电后应如何进行救治?

2. 如何进行口对口人工呼吸?

3. 如何进行胸外按压?

4. 着火了,你会报火警吗?

知识链接

3.1　触电急救

人在触电后可能由于失去知觉或超过人的摆脱电流而不能自己脱离电源,此时抢救人员不要惊慌,要在保护自己不被触电的情况下使触电者脱离电源。

1. 如果接触电器触电,应立即断开近处的电源,可就近拔掉插头,断开开关或打开保险盒。

2. 如果碰到破损的电线而触电,附近又找不到开关,可用干燥的木棒、竹竿、手杖等绝缘工具把电线挑开,挑开的电线要放置好,不要使人再触到。

3. 如一时不能实行上述方法,触电者又趴在电器上,可隔着干燥的衣物将触电者拉开。

4. 在脱离电源过程中,如触电者在高处,要防止脱离电源后跌伤而造成二次受伤。

5. 在使触电者脱离电源的过程中,抢救者要防止自身触电。

3.2　触电后不同情况下的救治

首先应对触电者进行判断:

(1)触电者神智尚清醒。

(2)触电者神智有时清醒,有时昏迷。

(3)触电者无知觉,有呼吸、心跳。

(4)触电者呼吸停止,但心跳尚存。

然后再根据不同的情况对触电者进行救治:

(1)神志尚清醒的:应使其就地平躺,严密观察,暂时不要站立或走动。

(2)神志不清醒,但呼吸、心跳尚正常的:可就地舒适平卧,保持空气畅通,解开衣领以利呼吸,天冷要注意保暖,间隔5秒钟轻呼伤员或轻拍肩部(但禁止摇晃头部)。

(3)触电者无知觉,有呼吸、心跳时:应采用看、听、试的方法(看:胸部有无起伏;听:有无呼吸音;试:有无气流逸出),判断触电者的呼吸和心跳情况,如图1-10、图1-11所示。

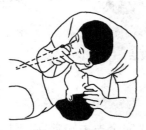
图 1-10　看、听

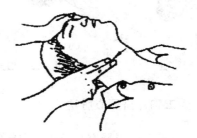
图 1-11　试

(4)若呼吸和心跳停止时:应立即采用心肺复苏法进行就地抢救。即通畅气道、口对口人工呼吸、胸外按压。

3.3　触电急救的三要素及救治

3.3.1　触电急救的三要素

触电急救的三要素:通畅气道、口对口人工呼吸、胸外按压。

3.3.2　口对口人工呼吸法

人的生命的维持,主要靠心脏跳动而产生血液循环,通过呼吸而形成氧气与废气的交换。如果触电人伤害较严重,失去知觉,停止呼吸,但心脏微有跳动,就应采用口对口的人工呼吸法。具体做法，如图 1-12 所示。

口诀：张口捏鼻手抬颌，深吸缓吹口对紧；

张口困难吹鼻孔，5 秒一次坚持吹。

1. 迅速解开触电人的衣服、裤带，松开上身的衣服、护胸罩和围巾等，使其胸部能自由扩张，不妨碍呼吸。

2. 使触电人仰卧，不垫枕头，头先侧向一边清除其口腔内的血块、假牙及其他异物等。

3. 救护人员位于触电人头部的左边或右边，用一只手捏紧其鼻孔，不使漏气，另一只手将其下巴拉向前下方，使其嘴巴张开，嘴上可盖上一层纱布，准备接受吹气。

4. 救护人员做深呼吸后，紧贴触电人的嘴巴，向他大口吹气。同时观察触电人胸部隆起的程度，一般应以胸部略有起伏为宜。

5. 救护人员吹气至需换气时，应立即离开触电人的嘴巴，并放松触电人的鼻子，让其自由排气。这时应注意观察触电人胸部的复原情况，倾听口鼻处有无呼吸声，从而检查呼吸是否阻塞。

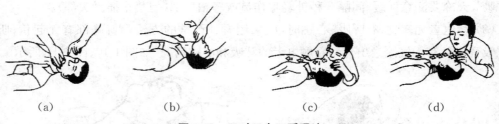

（a）　　　　　　（b）　　　　　　（c）　　　　　　（d）

图 1-12　口对口人工呼吸法

3.3.3　人工胸外挤压心脏法

若触电人伤害得相当严重，心脏和呼吸都已停止，人完全失去知觉，则需同时采用口对口人工呼吸和人工胸外挤压两种方法。如果现场仅有一个人抢救，可交替使用这两种方法，先胸外挤压心脏 10～15 次，然后口对口呼吸 2～3 次，再挤压心脏，反复循环进行操作。人工胸外挤压心脏的具体操作步骤如下：

1. 解开触电人的衣裤，清除口腔内异物，使其胸部能自由扩张。

2. 使触电人仰卧，姿势与口对口吹气法相同，但背部着地处的地面必须牢固。

3. 救护人员位于触电人一边，最好是跨跪在触电人的腰部，将一只手的掌根放在心窝稍高一点的地方（掌根放在胸骨的下三分之一部位），中指指尖对准锁骨间凹陷处边缘，如图 1-13（a）、（b）所示，另一只手压在那只手上，呈两手交叠状（对儿童可用一只手）。

4. 救护人员找到触电人的正确压点，自上而下，垂直均衡地用力挤压，如图 1-13（c）、（d）所示，压出心脏里面的血液，注意用力适当。

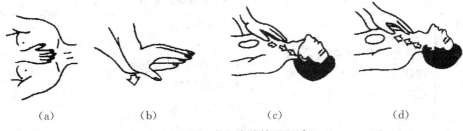

(a)　　　　　　(b)　　　　　　(c)　　　　　　(d)

图 1-13　人工胸外挤压心脏

5. 挤压后,掌根迅速放松(但手掌不要离开胸部),使触电人胸部自动复原,心脏扩张,血液又回到心脏。

口诀:掌根下压不冲击,突然放松手不离;

　　　手腕略弯压一寸,一秒一次较适宜。

对于呼吸和心跳都停止的触电者,应该同时采用口对口呼吸法和胸外按压法。

(1) 如果急救者只有一人,应先按压 10～15 次,然后再对触电者吹气 2～3 次,且速度都应快些,如此交替以 15∶2 的比率重复进行直至触电者苏醒为止。

(2) 如果是两人合作抢救,每按压 5 次,再吹气 1 次,两人以 5∶1 的比率交替进行。

3.4　电气消防

3.4.1　电气火灾产生的原因

几乎所有的电气故障都可能导致电气着火。如设备材料选择不当,过载、短路或漏电,照明及电热设备故障,熔断器的烧断、接触不良以及雷击、静电等,都可能引起高温、高热或者产生电弧、放电火花,从而引发火灾事故。

3.4.2　电气火灾的预防和紧急处理

1. 预防方法

应按场所的危险等级正确地选择、安装、使用和维护电气设备及电气线路,按规定正确采用各种保护措施。在线路设计上,应充分考虑负载容量及合理的过载能力;在用电上,应禁止过度超载及乱接乱搭电源线;对需在监护下使用的电气设备,应"人去停用";对易引起火灾的场所,应注意加强防火,配置防火器材。

2. 电气火灾的紧急处理

首先,应切断电源,同时,拨打火警电话报警。

不能用水或普通灭火器(如泡沫灭火器)灭火。应使用干粉二氧化碳或"1211"等灭火器灭火,也可用干燥的黄沙灭火。常用电气灭火器主要性能及使用方法如表 1-1 所示。

表 1-1　常用电气灭火器主要性能及使用方法

种类	二氧化碳灭火器	干粉灭火器	"1211"灭火器
用途	不导电。可扑救电气、精密仪器、油类、酸类火灾。不能用于钾、钠、镁、铝等物质火灾	不导电。可扑救电气、石油(产品)、油漆、有机溶剂、天然气等火灾	不导电。可扑救电气、油类、化工化纤原料等初起火灾
功效	接近着火地点,保持 3 m 距离	8 kg 喷射时间 14～18 s,射程 4.5 m;50 kg 喷射时间 14～18 s,射程 6～8 m	喷射时间 6～8 s,射程 2～3 m
使用方法	一手拿喇叭筒对准火源,另一手打开开关	提起圈环,干粉即可喷出	拔下铅封或横锁,用力压下压把

3.4.3　准确速报火警的方法

1. 记清、拨准火警号码。

2. 说话要清楚。

3. 简明扼要讲清发生火灾的具体情况:

(1) 首先,要报清楚起火单位和地址;

(2) 其次,要报清楚着火物质名称,火灾面积及火势情况;

(3) 再次,要把报警电话的号码和报警人姓名告诉对方,以便随时联系。

3.4.4　电气火灾的防止

其防护措施主要是合理选用电气装置。例如,在干燥少尘的环境中,可采用开启式和封闭式;在潮湿和多尘的环境中,应采用封闭式;在易燃易爆的危险环境中,必须采用防爆式。

防止电气火灾,还要注意线路电气负荷不能过高,注意电气设备安装位置距易燃可燃物不能太近,注意电气设备运行是否异常,注意防潮等。

任务四　常用电工工具的使用

 工作思考

你认识电气工具吗？你会使用它们吗？

![知识链接图标] **知识链接**

4.1　常用电工工具

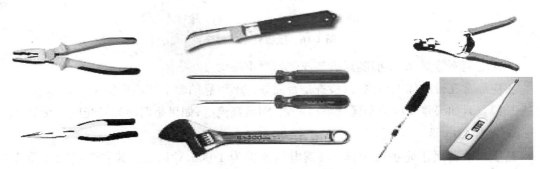

图 1-14　常用电工工具

4.1.1　验电器

验电器又叫电压指示器,是用来检查导线和电气设备是否带电的工具。验电器分为高压和低压两种。

1. 低压验电器

常用的低压验电器是验电笔,又称试电笔,检测电压范围一般为 60~500 V,常做成钢笔式或改锥式,如图 1-15 所示。

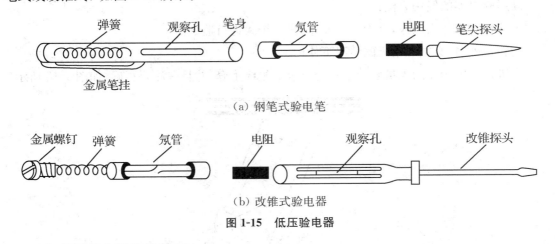

(a) 钢笔式验电笔

(b) 改锥式验电器

图 1-15　低压验电器

(1) 低压验电器的使用方法

① 必须按照图 1-16 所示方法握妥笔身,并使氖管小窗背光朝向自己,以便于观察。

② 为防止笔尖金属体触及人手,在螺钉旋具试验电笔的金属杆上,必须套上绝缘套管,仅留出刀口部分供测试需要。

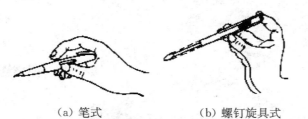

（a）笔式　　　　　　（b）螺钉旋具式

图 1-16　低压验电笔握法

③验电笔不能受潮，不能随意拆装或受到严重振动。

④应经常在带电体上试测，以检查是否完好。不可靠的验电笔不准使用。

⑤检查时如果氖管内的金属丝单根发光，则是直流电；如果是两根都发光则是交流电。

2. 高压验电器

高压验电器属于防护性用具，检测电压范围为 1 000 V 以上，其主要组成如图 1-17 所示。

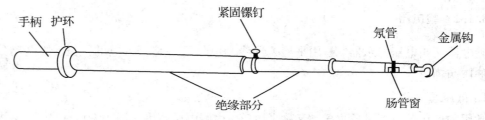

图 1-17　高压验电笔的组成

高压验电器的使用方法：

①使用时应两人操作，其中一人操作，另一个人进行监护。

②在户外时，必须在晴天的情况下使用。

③进行验电操作的人员要戴上符合要求的绝缘手套，并且握法要正确，如图 1-18 所示。

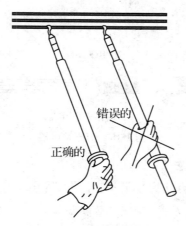

图 1-18　高压验电器握法

④使用前应在带电体上试测,以检查是否完好。不可靠的验电器不准使用。高压验电器应每六个月进行一次耐压试验,以确保安全。

4.1.2 常用旋具

常用的旋具是改锥(又称螺丝刀),如图 1-19 所示。它用来紧固或拆卸螺钉,一般分为一字形和十字形两种。

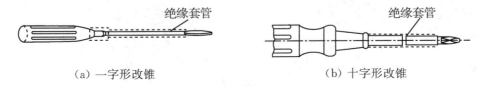

（a）一字形改锥　　　　　　　　　（b）十字形改锥

图 1-19　改锥(螺丝刀)

1. 一字形改锥:其规格用柄部以外的长度表示,常用的有 100 mm,150 mm,200 mm,300 mm,400 mm等。

2. 十字形改锥:有时称梅花改锥,一般分为四种型号,其中:Ⅰ号适用于直径为 2～2.5 mm 的螺钉;Ⅱ、Ⅲ、Ⅳ号分别适用于直径为 3～5 mm、6～8 mm、10～12 mm 的螺钉。

3. 多用改锥:是一种组合式工具,既可作改锥使用,又可作低压验电器使用,此外还可用来进行锥、钻、锯、扳等。它的柄部和螺钉旋具是可以拆卸的,并附有规格不同的螺钉旋具、三棱锥体、金力钻头、锯片、锉刀等附件。

螺丝刀使用时,应按螺丝刀的规格选用适合的刀口。以小代大或以大代小均会损伤螺钉或电气元件。

使用螺丝刀的安全注意事项:

(1)电工不可使用金属杆直通柄的螺丝刀,否则很容易造成触电事故。

(2)使用螺丝刀紧固拆卸带电的螺钉时,手不得触及螺丝刀的金属杆,以免发生触电事故。

(3)为了避免螺丝刀的金属杆触及皮肤或触及邻近带电体,应在金属杆上穿套绝缘管。

4.1.3 钢丝钳和尖嘴钳

1. 钢丝钳

钢丝钳是一种用于夹持或折断金属薄片,切断金属丝的工具。电工用钢丝钳的柄部套有绝缘套管(耐压 500 V),其规格用钢丝钳全长的毫米数表示,常用的有 150 mm,175 mm,200 mm 等。钢丝钳的构造及应用如图 1-20 所示。

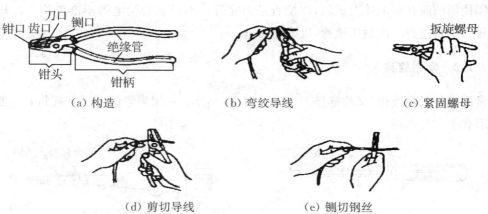

（a）构造　　　　　　（b）弯绞导线　　　　　　（c）紧固螺母

（d）剪切导线　　　　　　（e）铡切钢丝

图 1-20　钢丝钳的构造及应用

使用钢丝钳的安全注意事项：

（1）使用钢丝钳之前，必须检查绝缘柄的绝缘是否完好。绝缘如果损坏，进行带电作业时会发生触电事故。

（2）用钢丝钳剪切带电电线时，不得用刀口同时剪切相线和零线，或同时剪切两根相线，以免发生短路故障。

2．尖嘴钳

尖嘴钳的头部"尖细"，用法与钢丝钳相似，如图 1-21 所示。其特点是适用于在狭小的工作空间操作，能夹持较小的螺钉、垫圈、导线及电器元件。在安装控制线路时，尖嘴钳能将单股导线弯成接线端子（线鼻子），有刀口的尖嘴钳还可剪断导线、剥削绝缘层。

3．断线钳和剥线钳

（1）断线钳

断线钳（如图 1-22（a）所示）的头部"扁斜"，因此又叫斜口钳、扁嘴钳或剪线钳，是专供剪断较粗的金属丝、线材及导线、电缆等用的。它的柄部有铁柄、管柄、绝缘柄之分，绝缘柄耐压为 1 000 V。

（2）剥线钳

剥线钳（如图 1-22（b）所示）是用来剥落小直径导线绝缘层的专用工具。它的钳口部分设有几个刃口，用以剥落不同线径的导线绝缘层。其柄部是绝缘的，耐压为 500 V。

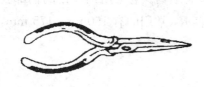

（a）断线钳　　　　　　（b）剥线钳

图 1-21　尖嘴钳　　　　　　图 1-22　断线钳和剥线钳

任务五　导线的连接

任务描述

1. 学生能够熟练地运用常用的工具,并能够进行导线的布局和连接。

2. 在导线的连接过程中要求导线接触良好,强度足够,绝缘层包缠紧密,无漏洞、漏气现象。

3. 导线的布局可以自行设计,要求布线横平竖直、转弯成直角、多根导线平行。

4. 接线要求牢固,无漏铜、反圈、压胶。

知识链接

5.1　导线绝缘头的去除

5.1.1　塑料硬线绝缘层的剖削

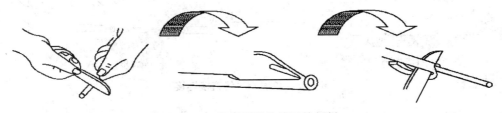

图 1-23　塑料硬线绝缘层的剖削

芯线截面为 4 mm² 或以下的塑料硬线,一般用钢丝钳进行剖削,方法如下:

1. 用左手握住电线,根据线头所需长短用钢丝钳口切割绝缘层,但不可切入芯线,刀呈 45°切入绝缘层;

2. 然后,改 15°向线端推削;

3. 用右手握住钢丝钳头部用力向外去除塑料绝缘层;

4. 如发现芯线损伤较大应重新剖削。

5.1.2　塑料软导线绝缘层的剥离

方法如下:

1. 左拇指、食指捏紧线头;

2. 按所需长度,用斜口钳轻切绝缘层;

3. 迅速移动钳头,剥离绝缘层。

图 1-24　塑料软导线绝缘层的剥离

5.2　导线接头的连接

5.2.1　单股硬导线直接连接

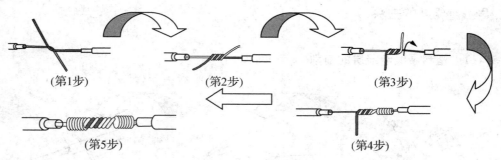

（第1步）　　　　（第2步）　　　　（第3步）

（第5步）　　　　（第4步）

图 1-25　单股硬导线直接连接

5.2.2　单股硬导线分支连接

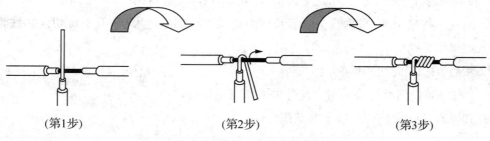

（第1步）　　　　（第2步）　　　　（第3步）

图 1-26　单股硬导线分支连接

5.3　线头与接线桩的连接

5.3.1　羊眼圈的制作

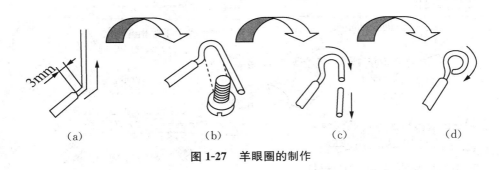

（a）　　　　（b）　　　　（c）　　　　（d）

图 1-27　羊眼圈的制作

5.3.2　利用螺钉垫片连接

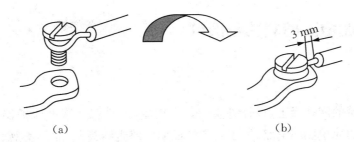

（a）　　　　　　　　（b）

图 1-28　利用螺钉垫片连接

5.3.3　针孔式连接

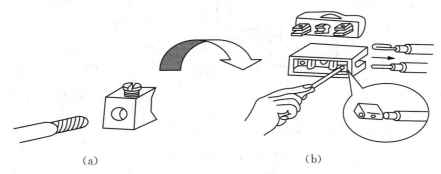

（a）　　　　　　　　（b）

图 1-29　针孔式连接

5.4　导线绝缘层的恢复

通常用黄蜡带、涤纶薄膜带和黑胶带等作为恢复绝缘层的材料。应从导线左端开始包缠,同时绝缘带与导线应保持一定的倾斜角,每圈的包扎要压住带宽的1/2。包缠绝缘带要用力拉紧,包卷要粘结密实,以免潮气侵入。

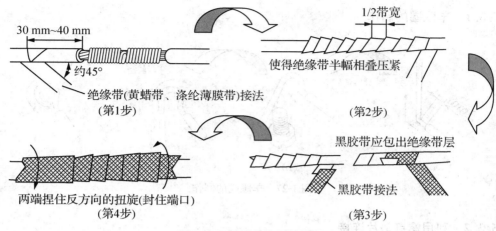

图 1-30　导线绝缘层的恢复

任务六　照明电路的安装与调试

任务描述

在综合实验台的网孔板上,设计并安装一个由单相电度表、漏电保护器、白炽灯或节能灯等元器件组成的简单照明电路,要求安装的照明电路走线规范,布局美观、合理;安装的照明电路可以正常工作,并能排除常见的照明电路故障。具体任务要求:

1. 学生可根据图 1-31 所显示的参考电路原理图进行照明电路的安装。

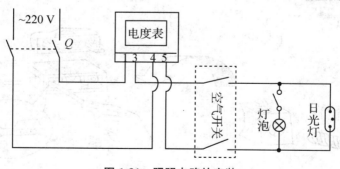

图 1-31　照明电路的安装

2. 照明电路的布局可以自行设计,但是要求布局合理,结构紧凑,走线合理,做到横平竖直。连接导线要避免交叉、架空和叠线,变换走向要垂直,并做到高低一致或前后一致。

3. 任务结束后,需要组内互相检查,合格后,经指导教师检查合格后,方可通电。

能力目标

1. 学会正确使用常用电工工具,并做好维护和保养工作。

2. 学会各种照明电路中元器件的安装和接线方法。

3. 工作过程中要节约使用原材料,且操作一定要规范。

4. 实施过程中,必须时刻注意安全用电,杜绝带电作业,严格遵守安全操作规程。

工作思考

1. 日光灯管安装时需注意什么? 如果日光灯安装不亮怎么处理?

2. 日光灯安装后,镇流器有杂音或电磁声怎么检修?

3. 单相电度表接线的注意事项有哪些?

知识链接

6.1　日光灯的安装

日光灯的镇流器有电感镇流器和电子镇流器两种。

目前,许多日光灯的镇流器都采用电子镇流器,因为电子镇流器具有高效节能、起动电压较宽、起动时间短、无噪音、无频闪等优点。

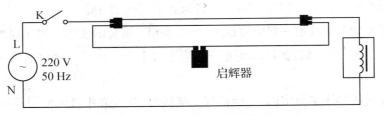

图 1-32　日光灯的安装接线图

日光灯的安装步骤:

1. 将日光灯的灯座固定在相应的位置。

2. 根据接线图 1-32 将电源线接入日光灯电路中。

3. 安装日光灯灯管:先将灯管引脚插入有弹簧一端的灯脚内并用力推入,然后将另一端对准灯脚,利用弹簧的作用力使其插入灯脚内。

6.2　漏电保护器的接线

电源进线必须接在漏电保护器的正上方,即外壳标有"电源"或"进线"端;出线均接在下方,即标有"负载"或"出线"端,倘若把进线、出线接反了,将会导致保护器动作后烧毁线圈或影响保护器的接通、分断能力。

6.3　单相电度表的接线

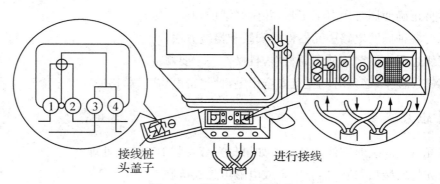

接线桩
头盖子　　　　　　进行接线

图 1-33　单相电度表的接线

6.4　照明电路安装的要求

6.4.1　照明电路安装的技术要求

1. 灯具安装的高度,室外一般不低于 3 m,室内一般不低于 2.5 m。

2. 照明电路应有短路保护。照明灯具的相线必须经开关控制。

3. 室内照明开关一般安装在门边便于操作的位置,拉线开关一般应离地 2~3 m,暗装翘板开关一般离地 1.3 m,与门框的距离一般为 0.15~0.20 m。

4. 明装插座的安装高度一般应离地 1.3~1.5 m。暗装的插座一般应离地 0.3 m,同一场所暗装的插座高度应一致,其高度相差一般应不大于 5 mm,多个插座成排安装时,其高度应大于 2 mm。

5. 照明装置的接线必须牢固,接触良好。接线时,相线和中性线要严格区别,将中性线接灯头上,相线须经过开关再接到灯头。

6. 应采用保护接地的灯具金属外壳,要与保护接地干线连接完好。

7. 灯具安装应牢固,灯具质量超过 3 kg 时,必须固定在预埋的吊钩或螺栓上。软线吊灯的重量限于 1 kg 以下,超过时应加装吊链。固定灯具需用接线盒及木台等配件。

8. 照明灯具须用安全电压。

9. 灯架及管内不允许有接头。

10. 导线在引入灯具处应有绝缘保护,以免磨损导线的绝缘,也不应使其承受额外的压力;导线的分支及连接处应便于检查。

6.4.2　照明电路安装的具体要求

1. 布局:根据设计的照明电路图,确定各元器件安装的位置,布局合理,结构紧凑,控制方便,美观大方。

2. 固定器件:将选择好的器件固定在网版上,各个器件排列时需整齐。固定的时候,先对角固定,再两边固定。要求元器件固定可靠,安装牢固。

3. 布线:先处理好导线,将导线拉直,消除弯、折,布线要横平竖直,排列整齐,转弯要成直角,并做到高低一致或前后一致,少交叉,应尽量避免导线的接头。

4. 接线:由上至下,先串后并;接线正确,各接点不能松动,敷线平直整齐,无漏铜、反圈、压胶,每个接线端子上连接导线根数一般不超过两根,绝缘性能好,外形美观。

5. 检查线路:用肉眼观察电路,看有没有接出多余的线头。参照电路安装图仔细检查每根线是否严格按照要求连接,有无错接及漏接情况。

6. 通电检查及故障排除:确认检查无误后,方可进行通电试验,若在通电过程中,出现不符合要求的现象,应立即切断电源,并根据故障现象,查找故障点。

自我检查

1. 元器件的安装正确。

2. 元器件排列整齐,元器件固定的可靠、牢固。

3. 布线横平竖直,转弯成直角,少交叉,多根导线并拢平行走。

4. 接线正确、牢固,敷线平直整齐,无漏铜、反圈、压胶,绝缘性能好,外观美观。

5. 整个电路没有接出多余线头,每条线严格按要求接,每条线都没有接错位。

6. 开关、白炽灯、日光灯、电度表都正常工作。

7. 布局合理,结构紧凑,控制方便,美观大方。

知识技术归纳

1. 日光灯安装常见故障现象、产生原因及检修方法

(1) 日光灯管不能发光

产生原因:①灯座或启辉器底座接触不良;

②灯管漏气或灯丝断;

③镇流器线圈断路;

④电源电压过低;

⑤新装日光灯接线错误。

检修方法:①转动灯管,使灯管四极和灯座四夹座接触,使启辉器两极与底座两铜片接触,找出原因并修复;

②用万用表检查或观察荧光粉是否变色,若确认灯管损坏,可换新灯管;

③修理或调换镇流器;

④电源电压过低,不必修理;

⑤检查线路并正确接线。

（2）日光灯灯光抖动或两头发光

产生原因：①接线错误或灯座灯脚松动；

②启辉器氖泡内动、静触片不能分开或电容器击穿；

③镇流器配用规格不合适或接头松动；

④灯管陈旧，灯丝上电子发射物质将放尽，放电作用降低；

⑤电源电压过低或线路电压降过大；

⑥气温过低。

检修方法：①检查线路或修理灯座；

②将启辉器取下，用两把螺丝刀的金属头分别触及启辉器底座两块铜片，然后相碰，并立即分开，如灯管能跳亮，则判断启辉器已坏，应更换启辉器；

③调换适当镇流器或加固接头；

④调换灯管；

⑤如有条件应升高电压或加粗导线；

⑥用热毛巾对灯管加热。

（3）灯管两端发黑或生黑斑

产生原因：①灯管陈旧，寿命将终的现象；

②如为新灯管，可能因启辉器损坏使灯丝发射物质加速挥发；

③灯管内水银凝结是灯管常见现象；

④电源电压太高或镇流器配用不当。

检修方法：①调换灯管；

②调换启辉器；

③灯管工作后即能蒸发或将灯管旋转180°；

④调整电源电压或调换适当的镇流器。

（4）灯光闪烁或光在管内滚动

产生原因：①新灯管暂时现象；

②灯管质量不好；

③镇流器配用规格不符或接线松动；

④启辉器损坏或接触不好。

检修方法：①开用几次或对调灯管两端；

②换一根灯管试一试有无闪烁；

③调换合适的镇流器或加固接线；

④调换启辉器或使启辉器接触良好。

（5）镇流器有杂音或电磁声

产生原因：①镇流器质量较差或其铁芯的硅钢片未夹紧；

②镇流器过载或其内部短路；

③镇流器受热过度；

④电源电压过高引起镇流器发出杂音；

⑤启辉器不好，引起开启时辉有杂音；

⑥镇流器有微弱声音，但影响不大。

检修方法：①镇流器质量较差或其铁芯的硅钢片未夹紧，调换镇流器；

②镇流器过载或其内部短路，调换镇流器；

③检查受热原因并消除；

④如有条件设法降压；

⑤调换启辉器；

⑥是正常现象，可用橡皮垫衬，以减少震动。

2. 照明电路常见故障

照明电路的常见故障主要有断路、短路和漏电三种。

（1）断路

产生断路的原因：主要是熔丝熔断、线头松脱、断线、开关没有接通、铝线接头腐蚀等。

断路故障的检查：如果一个白炽灯不亮而其他白炽灯都亮，应首先检查灯丝是否烧断；若灯丝未断，则应检查开关和灯头是否接触不良、有无断线等。为了尽快查出故障点，可用验电器测灯座（灯头）的两极是否有电，若两极都不亮说明相线断路；若两极都亮（带白炽灯测试），说明中性线断路；若一极亮一极不亮，说明灯丝未接通。对于日光灯来说，应对启辉器进行检查。如果几盏灯都不亮，应首先检查总保险是否熔断或总闸是否接通，也可按上述方法或用验电器判断故障。

（2）短路

照明故障表现为熔断器熔丝熔断；短路点处有明显烧痕、绝缘碳化，严重的会使导线绝缘层烧焦甚至引起火灾。当发现短路打火或熔丝熔断时应先查出发生短路的原因，找出短路故障点，处理后更换熔丝，恢复送电。

（3）漏电

产生漏电的原因：主要有相线绝缘损坏而接地、用电设备内部绝缘损坏使外壳带电等。

漏电故障的检查：在线路中一般接有漏电保护装置，当发现漏电保护器动作时，则应查出漏电接地点并进行绝缘处理后再通电。

工程创新

现代社会的照明方式发展迅猛，除了我们在本项目中练习的这两种基本方式以外，你还了解哪些？它们的工作原理是什么？如何进行安装、维护？

项目二☞
低压电器元件的识别及三相异步电动机的基本控制

任务一　低压电器元件的识别与检测

工作思考

1. 你熟悉常用低压电器的外形与主要用途，会识别其符号和常用型号吗？

2. 你熟悉常用低压电器的主要技术参数，会根据控制要求正确选用常用低压配电电器和低压控制电器吗？

3. 你会拆卸和组装常用低压配电电器和低压控制电器吗？

4. 你会识别常用低压电器的接线柱，检测常用低压电器的质量吗？

知识链接

1.1　低压电器元件的识别与检测

1.1.1　熔断器的识别与检测

1. 熔断器的型号、符号（图 2-1）及外形图（图 2-2）

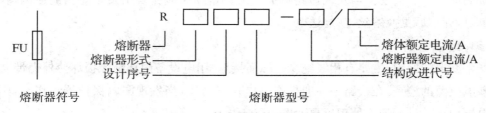

图 2-1　熔断器的符号及型号

C1A 系列熔断器

RL 系列熔断器

有填料封闭管式熔断器

快速熔断器

图 2-2　熔断器的外形图

2. 熔断器的识别与检测

（1）识别方法：①根据标注在瓷座的铭牌上或瓷帽上方熔断器的型号；

②上接线柱（高端）为出线端子，下接线柱（低端）为进线端子；

③识别熔体的好坏，可从瓷帽玻璃往里看，熔体有色标表示熔体正常，无色标表示熔体已断路；

④对于熔体额定电流一般标注在熔体表面。

（2）检测方法：将万用表置于 $R \times 1\ \Omega$ 挡，欧姆调零后，将两表笔分别搭接在熔断器的上、下接线柱上，若阻值为 0，熔断器正常；阻值为 ∞，熔断器已断路，应检查熔体是否断路或瓷帽是否旋好等。

3. 熔断器的安装

（1）熔断器应完整无损。

（2）瓷插式熔断器应垂直安装，螺旋式熔断器的电源线应接在瓷底座的下接线座上，负载线应接在螺纹壳的上接线座上。

（3）安装熔体时，必须保证接触良好，不允许有机械损伤。

（4）熔断器内要安装合格的熔体，不能用多根小规格熔体并联代替一根大规格熔体；各级熔体应相互配合，并做到下一级熔体规格比上一级规格小。

（5）更换熔体或熔管时，必须切断电源。尤其不允许带负荷操作。

（6）熔断器兼做隔离器件使用时应安装在控制开关的电源进线端；若仅做短路保护用，

应装在控制开关的出线端。

（7）安装熔断器除保证适当的电气距离外，还应保证安装位置间有足够的间距，以便于拆卸、更换熔体。

1.1.2　刀开关的识别与检测

1. 刀开关的型号（图 2-3）、符号及外形图（图 2-4）

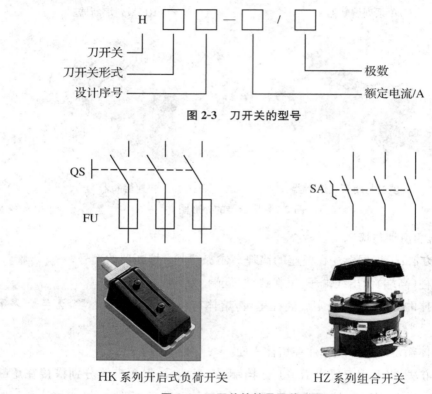

图 2-3　刀开关的型号

HK 系列开启式负荷开关　　　HZ 系列组合开关

图 2-4　刀开关的符号及外形图

2. 刀开关的识别与检测

（1）识别方法：①根据标注在开启式负荷开关的型号识读；

②进线座（上端）为进线端子，出线座（下端）为出线端子；

③打开胶盖（大），安装合适的熔体。

（2）检测方法：将万用表置于 $R \times 1\ \Omega$ 挡，欧姆调零后，将两表笔分别搭接在开启式负荷开关的进、出线端子上，合上开关，若阻值为 0，开启式负荷开关正常；阻值为∞，开启式负荷开关已断路，应检查熔体连接是否可靠等。

3. 刀开关的安装

（1）将开启式刀开关垂直安装在配电板上，并保证手柄向上推为合闸。不允许平装或倒装，以防止产生误合闸。

（2）接线时，电源进线应接在开启式刀开关上面的进线端子上，负载出线接在刀开关下面的出线端子上，保证刀开关分断后，闸刀和熔体不带电。

（3）开启式负荷开关必须安装熔体。安装熔体时熔体要放长一些，形成弯曲形状。

（4）开启式负荷开关应安装在干燥、防雨、无导电粉尘的场所，其下方不得堆放易燃易爆物品。

（5）HZ10 组合开关应安装在控制箱（或壳体）内，其操作手柄最好伸出在控制箱的前面或侧面，应使手柄在水平旋转位置时为断开状态。HZ3 组合开关的外壳必须可靠接地。

1.1.3　低压断路器的识别与检测

1. 低压断路器的符号（图 2-5）、型号（图 2-6）及外形图（图 2-7）

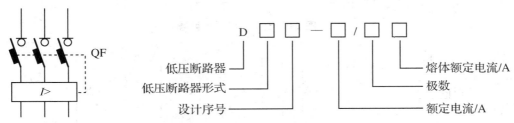

图 2-5　低压断路器的符号　　　　**图 2-6　低压断路器的型号**

塑壳式低压断路器（DZ 系列）　　　框架式低压断路器（DW 系列）

图 2-7　低压断路器的外形图

2. 低压断路器的识别与检测

（1）识别方法：①低压断路器的型号标注低压断路器的表面；

②上接线柱为进线端子，下接线柱为出线端子。

（2）检测方法：将万用表置于 $R\times1\ \Omega$ 挡，欧姆调零后，将两表笔分别搭接在低压断路器的进、出线端子上，合上低压断路器时，阻值为 0，组合开关断开；断开低压断路器时，阻值为 ∞。

3. 低压断路器的安装

（1）低压断路器应垂直于配电板安装，电源引线应接到上端，负载引线接到下端。

（2）低压断路器用作电源总开关或电动机的控制开关时，在电源进线侧必须加装刀开关或组合开关等,以形成明显的断开点。

（3）板前接线的低压断路器允许安装在金属支架上或金属底板上,但板后接线的低压断路器必须安装在绝缘底板上。

1.1.4 交流接触器的识别与检测

1. 交流接触器的型号（图 2-8）、符号（图 2-9）及外形图（图 2-10）

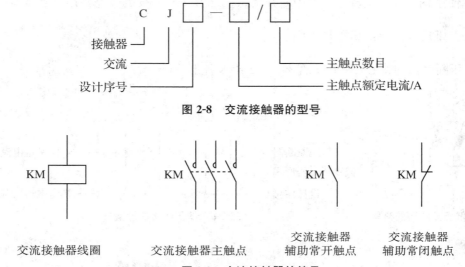

图 2-8 交流接触器的型号

KM 交流接触器线圈　　KM 交流接触器主触点　　KM 交流接触器辅助常开触点　　KM 交流接触器辅助常闭触点

图 2-9 交流接触器的符号

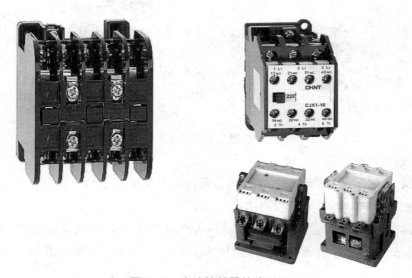

图 2-10 交流接触器的外形图

2. 交流接触器的识别与检测

（1）识别方法:①交流接触器的型号标注在窗口侧的下方（铭牌）;

②识别交流接触器线圈的额定电压,从交流接触器的窗口向里看(同一型号的接触器线圈有不同的电压等级);

③线圈的接线端子,在接触器的下半部分,编号为 A1～A2,标注接线端子旁;

④3 对主触点的接线端子,在接触器的上半部分,编号为 1/L1～2/T1、3/L2～4/T2、5/L3～6/T3,标注在对应接线端子的顶部;

⑤2 对辅助常开触点的接线端子,在接触器的上半部分,编号为 22～24、43～44,标注在对应接线端子的外侧;

⑥2 对辅助常闭触点的接线端子,在接触器的顶部,编号为 11～12、31～32,标注在对应接线端子的顶部。

(2)检测方法:①压下接触器,观察触点吸合情况,边压边看,常闭触点先断开,常开触点后闭合;

②释放接触器,观察触点复位情况,边放边看,常开触点先复位,常闭触点后复位;

③检测 2 对常闭触点好坏,将万用表置于 $R \times 1 \Omega$ 挡,欧姆调零后,将两表笔分别搭接在常闭触点两端。常态时,各常闭触点的阻值约为 0;压下接触器后,再测量阻值,阻值为∞;

④检测 5 对常开触点好坏,将万用表置于 $R \times 1 \Omega$ 挡,欧姆调零后,将两表笔分别搭接在常开触点两端。常态时,各常开触点的阻值约为∞;压下接触器后,再测量阻值,阻值为 0;

⑤检测接触器线圈好坏,将万用表置于 $R \times 100 \Omega$ 挡,欧姆调零后,将两表笔分别搭接在线圈两端,线圈的阻值约为 1 800 Ω;

⑥测量各触点接线端子之间的阻值,将万用表置于 $R \times 10 k\Omega$ 挡,欧姆调零后,各触点接线端子之间的阻值为∞。

3. 交流接触器的安装

(1)检查接触器外观,应无机械损伤;用手推动接触器可动部分时,接触器应动作灵活;灭弧罩应完整无损,固定牢固等。

(2)接触器一般应安装在垂直面上,倾斜度应小于 5°。

(3)安装完毕,检查接线正确无误后,在主触点不带电的情况下操作几次。

(4)对有灭弧室的接触器,应先将灭弧罩拆下,待安装固定好后再将灭弧罩装上。拆装时注意不要损坏灭弧罩,带灭弧罩的交流接触器绝不允许不带灭弧罩或带破损的灭弧罩运行。

(5)接触器触点表面应经常保持清洁,不允许涂油。当触点表面因电弧作用形成金属小珠时,应及时铲除,但银合金表面产生的氧化膜,由于接触电阻很小,不必铲修,否则会缩短触点寿命。

1.1.5 热继电器的识别与检测

1. 热继电器的型号(图 2-11)、符号(图 2-12)及外形图(图 2-13)

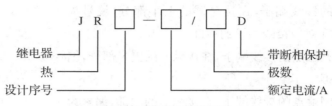

图 2-11 热继电器的型号

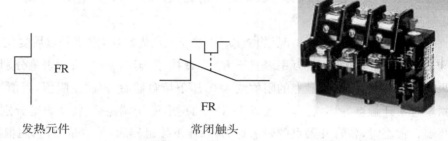

图 2-12 热继电器的符号　　　　图 2-13 热继电器的外形图

2. 热继电器的识别与检测

(1) 识别方法:①铭牌贴在热继电器的侧面;

②找到整定电流调节旋钮,旋钮上标有整定电流;

③找到复位按钮,REST/STOP;

④找到测试键,位于热继电器前侧下方,TEST;

⑤找到驱动元件的接线端子,编号与交流接触器相似,1/L1～2/T1,3/L2～4/T2,5/L3～6/T3;

⑥找到常闭触点的接线端子,编号编在对应的接线端子旁,95－96;

⑦找到常开触点的接线端子,编号编在对应的接线端子旁,97－98。

(2) 检测方法:①检测常闭触点好坏,将万用表置于 $R \times 1 \ \Omega$ 挡,欧姆调零后,将两表笔分别搭接在常闭触点两端。常态时,各常闭触点的阻值约为 0;动作测试键后,再测量阻值,阻值为∞;

②检测常开触点好坏,将万用表置于 $R \times 1 \ \Omega$ 挡,欧姆调零后,将两表笔分别搭接在常开触点两端。常态时,各常开触点的阻值约为∞;动作测试键后,再测量阻值,阻值为 0。

3. 热继电器的安装

(1) 必须按照产品说明书规定的方式安装,安装处的环境温度应与所处环境温度基本相同。

（2）热继电器安装时,应清除触点表面尘污,以免因接触电阻过大或电路不通而影响热继电器的动作性能。

（3）热继电器出线端的连接导线应按照标准选用。

（4）热继电器在出厂时均调整为手动复位方式,如果需要自动复位,只要将复位螺钉顺时针方向旋转,并稍微拧紧即可。

（5）热继电器的整定电流必须按电动机的额定电流进行调整,绝对不允许弯折双金属片。

（6）热继电器由于电动机过载后动作,若要再次起动电动机,必须待热元件冷却后,才能使热继电器复位。一般自动复位需要 5 min,手动复位需要 2 min。

1.1.6　时间继电器的识别与检测

1. 时间继电器的型号（图 2-14）、符号（图 2-15）及外形图（图 2-16）

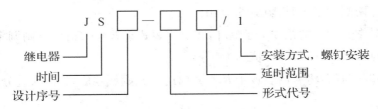

图 2-14　时间继电器的型号

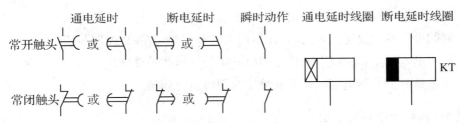

图 2-15　时间继电器的符号

图 2-16　时间继电器的外形图

2. 时间继电器的识别与检测

（1）识别方法:①时间继电器的型号标注在正面（调节螺钉边）;

②找到整定时间调节旋钮,调节旋钮旁边标有整定时间;

③找到延时常闭触点的接线端子,在气囊上方两侧,旁边有相应符号标注;

④找到延时常开触点的接线端子,在气囊上方两侧,旁边有相应符号标注;

⑤找到瞬时常闭触点的接线端子,在线圈上方两侧,旁边有相应符号标注;

⑥找到瞬时常开触点的接线端子,在线圈上方两侧,旁边有相应符号标注;

⑦找到线圈的接线端子,在线圈两侧;

⑧时间继电器线圈参数标注在线圈侧面。

(2)检测方法:①检测延时常闭触点的接线端子好坏,将万用表置于 $R \times 1\ \Omega$ 挡,欧姆调零后,将两表笔分别搭接在触点两端。常态时,阻值约为0;

②检测延时常开触点的接线端子好坏,将万用表置于 $R \times 1\ \Omega$ 挡,欧姆调零后,将两表笔分别搭接在触点两端。常态时,阻值约为∞;

③检测瞬时常闭触点的接线端子好坏,将万用表置于 $R \times 1\ \Omega$ 挡,欧姆调零后,将两表笔分别搭接在触点两端。常态时,阻值约为0;

④检测瞬时常开触点的接线端子好坏,将万用表置于 $R \times 1\ \Omega$ 挡,欧姆调零后,将两表笔分别搭接在触点两端。常态时,阻值约为∞;

⑤检测线圈的阻值,将万用表置于 $R \times 100\ \Omega$ 挡,欧姆调零后,将两表笔分别搭接在线圈两端。

3. 时间继电器的安装

(1)时间继电器应按说明书规定的方向安装。

(2)时间继电器的整定值,应预先在不通电时整定好,并在试车时校正。

(3)时间继电器金属地板上的接地螺钉必须与接地线可靠连接。

(4)通电延时型和断电延时型可在整定时间内自行调换。

1.1.7 按钮的识别与检测

1. 按钮的型号(图 2-17)、符号(图 2-18)及外形图(图 2-19)

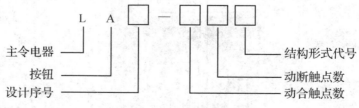

图 2-17　按钮的型号

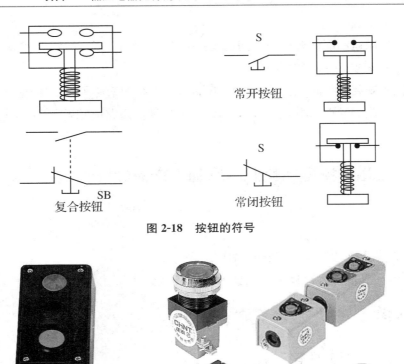

图 2-18 按钮的符号

图 2-19 按钮的外形图

2. 按钮的识别与检测

（1）识别方法：①首先，看按钮的颜色，绿色、黑色为起动按钮，红色为停止按钮；

②然后，观察按钮的常闭触点，找到对角线上的接线端子，动触点与静触点处于闭合状态；

③观察按钮的常开触点，找到对角线上的接线端子，动触点与静触点处于分断状态；

④按下按钮，观察触点动作情况，边按边看，常闭触点先断开，常开触点后闭合；

⑤松开按钮，观察触点动作情况，边松边看，常开触点先复位，常闭触点后复位。

（2）检测方法：①检测判别 3 个常闭触点的好坏，将万用表置于 $R \times 1 \Omega$ 挡，欧姆调零后，将两表笔分别搭接在常闭触点两端。常态时，各常闭触点的阻值约为 0；按下按钮后，再测量阻值，阻值约为 ∞；

②检测判别 3 个常开触点的好坏，将万用表置于 $R \times 1 \Omega$ 挡，欧姆调零后，将两表笔分别搭接在常开触点两端。常态时，各常开触点的阻值约为 ∞；按下按钮后，再测量阻值，阻值为 0。

3. 按钮的安装

（1）将按钮安装在面板上时，应布置整齐，排列合理，如根据电动机起动的先后顺序，从上到下或从左到右排列。

（2）同一机床运动部件有几种不同的工作状态时（如上、下、前、后、松、紧等）应使每一对相反状态的按钮安装在一组。

（3）按钮的安装应牢固，安装按钮的金属板或金属按钮盒必须可靠接地。

（4）由于按钮的触点间距较小，如有油污等极易发生短路故障，因此应注意保持触点间的清洁。

任务二　三相异步电动机的结构和工作原理

工作思考

1. 你熟悉异步电动机吗？它们的结构如何？
2. 异步电动机是怎么转起来的？

知识链接

2.1　三相异步电动机的基本结构

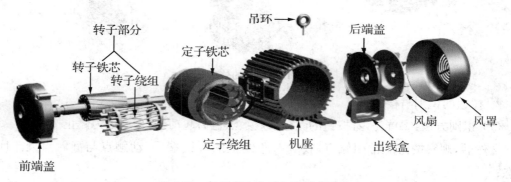

图 2-20　三相异步电动机的基本结构

1. 定子

（1）定子铁芯

它是电动机主磁路的一部分，有良好的导磁性能。

为了减小铁芯损耗，采用 0.5 mm 厚硅钢冲片叠成圆筒形，并压装在机座内。在定子铁芯内圆上冲有均匀分布的槽，用于嵌放三相定子绕组。

（2）定子绕组

定子绕组组成一个在空间依次相差 120° 的三相对称绕组，其首端分别为 U_1、V_1、W_1，末端分 U_2、V_2、W_2，可接成星形或三角形，如图 2-21 所示。主要产生旋转磁场。

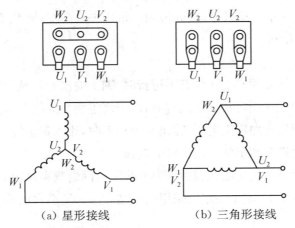

（a）星形接线　　　　　（b）三角形接线

图 2-21　定子绕组的接线

（3）机座

机座起到固定和支撑作用。

2. 转子

（1）转子铁芯

它是电动机主磁路的一部分,也用 0.5 mm 厚且相互绝缘的硅钢片叠压成圆柱体,中间压装转轴,外圆上冲有均匀分布的槽,用以放置转子绕组。

（2）转轴

转轴是用来支撑转子铁芯和输出电动机的机械转矩。

（3）转子绕组

它是电动机的转子电路部分,其作用是感应电动势、流过电流并产生电磁转矩。

3. 其他附件

（1）轴承:轴承用来连接转动部分与固定部分,目前都采用滚动轴承以减小摩擦阻力。

（2）轴承端盖:轴承端盖用来保护轴承,使轴承内的润滑脂不致溢出,并防止灰、砂、脏物等浸入润滑脂内。

（3）风扇:风扇用于冷却电动机。

2.2　三相异步电动机的铭牌

在三相异步电动机的机座上有一块铭牌,铭牌上标出了该电动机的主要技术数据。

三相异步电动机铭牌:

型号　Y132M-4	功率　7.5 kW	频率　50 Hz
电压　380 V	电流　15.4 A	接法　△
转速　1 440 r/min	绝缘等级　B	工作方式　连续
标准编号	工作制　S1	B 级绝缘

年　　月　　　　××电机厂

（1）型号：Y 表示异步电动机，132（mm）表示机座中心高度；M 代表中机座（L 长机座，S 短机座），-4 代表 4 极电机。

（2）额定值

①额定功率：电动机在额定工作状态下运行时，轴上输出的机械功率。

②额定电压：电动机在额定状态下运行时，定子绕组所加的线电压。

③额定电流：电动机在加额定电压、输出额定功率时，流入定子绕组的线电流。

④额定转速：电动机在额定状态运行时的转速。

⑤额定频率：电动机所接交流电源的频率。我国电网的频率规定为 50 Hz。

⑥接法：在额定电压下，定子绕组应采用的连结方法。Y 系列电动机，4 kW 以上者均采用三角形接法。

⑦工作方式：S1 连续；S2 短时间；S3 断续。

⑧绝缘等级：根据绝缘材料允许的最高温度分为 Y、A、E、B、F、H、C 级，Y132M-4 系列电动机多采用 E、B 级绝缘。

2.3 三相异步电动机的工作原理

三相异步电动机工作原理概括为：

在电动机对称三相定子绕组中通入对称三相交流电流→产生气隙旋转磁场→转子导体与磁场相切割感应电动势，由于闭合生成感应电流→载流导体受电磁力的作用形成力偶→力偶对电机转轴形成电磁转矩→从而使固定不动的转子顺着旋转磁场的方向转动起来。

若要改变电动机的旋转方向，只需任意对调通入定子绕组中两相电流的相序即可。

任务三 三相异步电动机的基本控制

任务描述

在综合实训台的网孔板上，设计并安装一个由电源、交流接触器、热继电器、开关、按钮等元器件组成的三相异步电动机的基本控制电路，要求安装的控制电路走线规范，布局美观、合理；安装的控制电路可以实现正反转功能，并能排除常见的控制电路故障。具体任务要求：

1. 学生可根据图 2-22 所示的参考电路原理图进行三相异步电动机电路的安装。

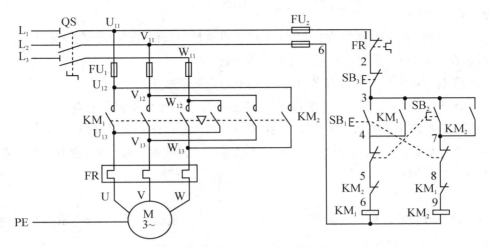

图 2-22　三相异步电动机的控制

2. 控制电路的布局可以自行设计,但是要求布局合理,结构紧凑,走线合理,做到横平竖直。连接导线要避免交叉、架空和叠线,变换走向要垂直,并做到高低一致或前后一致。

3. 任务结束后,需组内互相检查,合格后经指导教师检查合格,方可通电。

能力目标

1. 能够学会常用低压电器的识别、选择、安装,并排除常见的低压电器故障。

2. 学生具备电气识图的能力,能够根据原理图自行设计接线图。

3. 熟练使用电工工具和电气仪表,在接线过程中严格按照配线工艺和接线工艺进行。

4. 实施过程中,时刻注意安全用电,严禁带电作业,严格遵守安全操作规程。

工作思考

1. 你知道三相异步电动机起动、停止控制的工作过程吗?

2. 你知道三相异步电动机正转控制、反转控制的工作过程吗?

3. 你知道三相异步电动机星一角减压起动的工作过程吗?

知识链接

3.1　工艺设计

1. 元器件的选择

要进行必要的计算,来选择元件的型号、规格等参数。为了提高可靠性和减小体积,应尽可能选用新型器件。为了降低成本,应尽可能选用最通用的器件。当材料供应环节不能保证时,应提供备选器件。

2. 元器件布置

(1) 功能相似的元件组合在一起,外形尺寸或重量相近的元件组合在一起,经常调节的元件组合在一起,经常更换的易损元件组合在一起。

(2) 强电与弱电要分开。有必要时,将弱电部分屏蔽起来。

(3) 体积大、重量重的元件安装在下面,发热量较大的元件安装在上面。

(4) 尽可能减少连线数量和长度,将接线关系密切的元件按顺序组合在一起。

(5) 电器板、控制板的进出线一般采用接线端子。接线端子接线时,主电路与控制电路要分开,电源进线位于最边上。

3. 线路连接

(1) 导线截面必须根据负载核算。一般主电路导线截面不小于 $1.5 \ mm^2$,控制电路导线截面不小于 $0.75 \ mm^2$。

(2) 导线种类根据需要选择。不同电器箱之间或电控柜与负载之间用软电线。信号线用屏蔽线。

(3) 导线接线前要在两端套上标号相同的绝缘号码套管。套管标号应与原理图一致。使用时要注意方向,箭头方向指向剥去绝缘层的裸露端,从裸露端开始读数。

3.2 电动机点动控制

1. 特点:当按下按钮后电机运行,而松开按钮后电机自动停转的控制线路。

2. 应用场合:电动机短时转动,常用于机床的对刀调整和电动葫芦。

3. 工作原理及工作过程

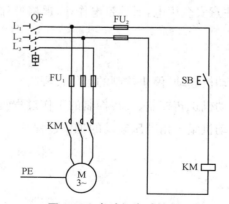

图 2-23 电动机点动控制

起动控制过程:合上刀闸 QF →电源开关接通为电动机起动做准备→按下常开按钮 SB →接触器线圈 KM 得电→KM 主触头闭合→主电路接通→电动机运转。

停止控制过程:松开常闭按钮 SB →接触器线圈 KM 失电→KM 主触头打开→主电路断开→电动机停转。

3.3 电动机连续运行控制

1. 特点:当按下按钮后电机才能运转,而手松开按钮开后电机仍然运转的控制线路。

2. 应用场合:连续运行控制在生产中应用广泛。

3. 工作原理及工作过程

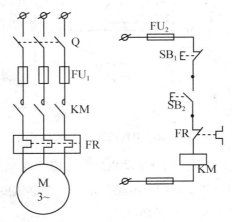

图 2-24 电动机连续运行控制

起动控制过程:合上刀闸 Q→电源开关接通为电动机起动做准备→按下常开按钮 SB₂→接触器线圈 KM 得电→KM 主触头闭合→主电路接通→电动机运转。

停止控制过程:松开常闭按钮 SB₁→接触器线圈 KM 失电→KM 主触头打开→主电路断开→电动机停转。

3.4 电动机正、反转控制

1. 特点:利用按钮实现联锁控制,从而使两个接触器线圈不能同时得电,防止了主电路的短路事故。

2. 应用场合:许多生产机械往往要求运动部件可以正、反两个方向运动,如机床工作台的前进与后退,主轴的正转与反转,起重机的上升与下降等,这就要求电动机能正、反双向旋转来实现。

3. 工作原理和工作过程

正转控制过程:合上刀闸 Q→电源开关接通为电动机起动做准备→按下常开按钮 SB₁→电动机正转辅助电路接通→接触器线圈 KM₁ 得电→KM₁ 主触头闭合→正转主电路接通→电动机正向运转。

按下常闭按钮 SB₃→电动机正转辅助电路失电→接触器线圈 KM₁ 失电→KM₁ 主触头打开→正转主电路断开→电动机正向运转停止。

反转控制过程:按下常开按钮 SB₂→电动机反转辅助电路接通→接触器线圈 KM₂ 得电

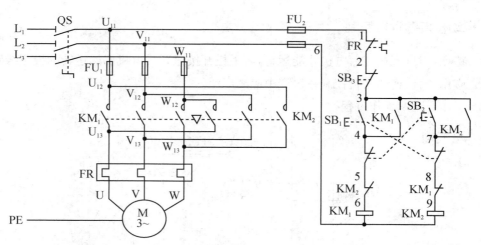

图 2-25　电动机正、反转控制

→KM$_2$ 主触头闭合→反转主电路接通→电动机反向运转。

按下常闭按钮 SB$_3$→电动机反转辅助电路失电→接触器线圈 KM$_2$ 失电→KM$_2$ 主触头打开→反转主电路断开→电动机反向运转停止。

3.5　电动机的星—角减压起动

1. 特点：星—角起动就是三角形接法的电动机，在起动时接成星形，起动到一定程度后，再改为正常的三角形接法。

2. 应用场合：直接起动冲击电流过大而无法承受的场合，通常采用减压起动，此时，起动转矩下降，起动电流也下降，可以实现起动后的正常运行。

3. 工作原理和工作过程

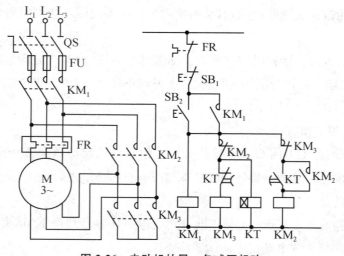

图 2-26　电动机的星—角减压起动

起动过程:先合上电源开关 QS。按下起动按钮 SB₂,KM₁ 线圈得电,KM₁ 主触点闭合(KM₁ 自锁触点闭合自锁),KM₃ 线圈得电,KM₃ 主触点闭合(同时 KM₃ 联锁触点断开,对 KM₂ 联锁),电动机 M 联结成 Y 形减压起动;按下 SB₂ 后,KT 线圈也得电,(通过时间整定,当 M 转速上升到一定值时,KT 延时结束)KT 动断触点断开,KM₃ 线圈失电,KM₃ 主触点断开解除 Y 形联结;KM₃ 联锁触点闭合,KM₂ 线圈得电,KM₂ 主触点闭合,电动机星形联结成角形全压运行;KM₂ 线圈得电的同时,KM₂ 联锁触点断开,对 KM₃ 联锁,同时 KT 线圈失电,KT 动断触点瞬时闭合。

停止过程:按下 SB₁ 即可。

 ## 自我检查

1. 元器件排列整齐,固定的可靠、牢固。
2. 布线横平竖直,转弯成直角,少交叉,多根导线并拢平行走。
3. 接线正确、牢固,敷线平直整齐,无漏铜、反圈、压胶,绝缘性能好,外观美观。
4. 整个电路没有接出多余线头,每条线严格按要求接,每条线都没有接错位。
5. 能严格按照图样进行装配,装配过程符合装配工艺的要求。
6. 低压电器元件选择合理。
7. 布局合理,结构紧凑,控制方便,美观大方。

知识技术归纳

低压电器在运行过程中由于使用不当或长期投入运行元器件老化等原因均会出现故障,且故障种类繁多,现对常见故障进行分析处理。

1. 触头的故障及维修

触头是低压开关电器的主要部件,常见故障有过热、磨损和熔焊等。

(1)触头过热的原因及解决处理的方法

触头过热是指工作触头的发热量超过了额定温度造成触头过热或灼伤。

①由触头压力不足造成的过热要调整触头压力,一般为更换弹簧压力机构。

②由触头接触不良,触头表面有油污或不平或触头表面氧化造成的,需对触头进行清理,可使用汽油或刀具清除。

③由操作频率过高或工作电流过大造成的,首先检查电源电压是否在额定电压范围,负荷是否过载,再根据需要调换容量较大的电器。由环境温度或使用于密闭环境中造成的要更换容量大的电器或降容使用。

(2)触头过度磨损的原因及排除方法

触头磨损有两类,分别为电磨和机械磨损,当磨损到一定程度时均应更换。

①由三相触头不同步造成的过度磨损,可通过调整使之同步并更换触头。

②由负载侧短路造成的,需要排除短路故障。

③由设备选用时超程太小,容量时有不足造成的,要更换成容量大的设备。

（3）发生触头熔焊的原因及排除方法

触头熔焊是指动静触头接触面熔化后焊接在一起的现象。

①由操作频率过高或过负荷使用造成的,要按使用条件重新选用设备。

②触头压力过小造成的,要调整弹簧压力或更换新的压力机构。

③触头表面有金属异物造成的,要更换新的触点。

④操作回路电压过低或触头被卡住在刚接触位置上造成的,要提高操作电压,排除卡阻现象。

2. 电磁机构的故障及维修

电磁机构是低压电器的重要组成部分,起能量转换和操作运动的作用,常见的故障有噪声较大、吸不上或吸力不足、不释放或释放缓慢、线圈过热或烧损等。

（1）噪声较大

造成噪声较大的原因及解决办法:

①电源电压低造成的,要提高电源电压。

②衔铁与铁芯接触而粘有油污、灰尘或铁芯生锈造成的,要清理接触面。

③铁芯接触面磨损过度不平造成的,要更换铁芯。

④零件歪斜或发生机械卡阻造成的,要调整或重新整理安排有关零件。

⑤触点压力过大造成的,要调整触点弹簧压力机构。

⑥短路环损坏引起的,更换铁芯或短路环。

（2）衔铁吸不上或吸力不足

电源接通后,出现衔铁吸不上或吸力不足的原因及解决办法:

①操作回路电源电压过低,或发生断线,线圈进出线脱落以及接线错误等造成的,要增大电源电压,整理线路。

②电源电压过低或波动过大,或可动部分有卡阻现象、转轴生锈、歪斜等造成的,要调整电源电压、清除可动部件的故障。

③触头压力过大或超程过大造成的,要调整压力机构或更换。

（3）衔铁不释放或释放缓慢

当电源断开后,出现衔铁不释放或释放缓慢的原因及解决办法:

①触头弹簧压力过小造成的,要调整压力机构或更换。

②触头被熔焊造成的,要查找熔焊原因并更换触头。

③可动部件被卡阻或转轴生锈或歪斜造成的,要调整有关部件或更换转轴。铁芯端面有油污或端面之间的气隙消失造成的,要清洗端面或更换修理铁芯。

④反力弹簧损坏造成的,要更换弹簧或整个反力机构。

（4）线圈过热或烧损

线圈运行过程中出现过热或烧损的原因及故障排除办法：

①线圈电压过高或过低造成的，要调整电源电压或线圈电压。

②操作频率过高或线圈参数不符合要求造成的，需更换线圈或按使用条件选用设备。

③铁芯端面不平造成衔铁和铁芯吸合时有间隙造成的，要修理或更换铁芯。线圈绝缘老化出现匝间短路或局部对地短路造成的，要更换新的线圈。

电工作业中还会碰到其他故障现象，进行故障分析、排除时要根据实际现象尽可能多地分析产生的原因，逐一排除，按照安全要求认真操作，确认故障排除及接线正确后进行送电试运行。

自我创新

除了我们此次进行的按钮、接触器双重连锁正反转控制线路的连接，你还知道什么样的正反转控制线路，你能够也像这样完成控制吗？

项目三 ☞
分立式功率放大器的制作与调试

任务一　常用仪表的使用

工作思考

1. 你都了解哪些常用的仪器？你会使用万用表吗？
2. 你会使用示波器吗？你都用它来测量什么？

知识链接

1.1　万用表

万用表可以测量直流电流、直流电压、交流电压和电阻等多种电量。一般有指针式万用表和数字式万用表两种。

1.1.1　指针式万用表

1. 指针式万用表的结构与功能

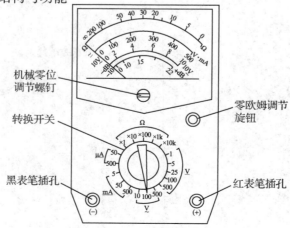

图 3-1　MF-30 型指针式万用表外形图

图 3-1 为 MF-30 型万用表外形图。该万用表可以测量直流电流、直流电压、交流电压和电阻等多种电量。

2. 指针式万用表的工作原理

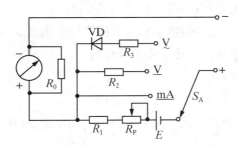

图 3-2　指针式万用表的工作原理

3. 指针式万用表的使用

（1）准备工作

①熟悉转换开关、旋钮、插孔等的作用，检查表盘符号。

②了解刻度盘上每条刻度线所对应的被测电量。

③检查红色和黑色两根表笔所接的位置是否正确，红表笔插入"＋"插孔，黑表笔插入"－"插孔，有些万用表另有交直流 2 500 V 高压测量端，在测高压时黑表笔不动，将红表笔插入高压插口。

④机械调零。如图 3-3 所示，旋动万用表面板上的机械零位调整螺钉，使指针对准刻度盘左端的"0"位置。

图 3-3　机械调零

（2）测量直流电压

①把转换开关拨到直流电压挡，并选择合适的量程。

②把万用表并接到被测电路上，红表笔接到被测电压的正极，黑表笔接到被测电压的负

极,不能接反。

③根据指针稳定时的位置及所选量程正确读数。

（3）测量交流电压

①把转换开关拨到交流电压挡,并选择合适的量程。

②将万用表两根表笔并接在被测电路的两端,不分正负极。

③根据指针稳定时的位置及所选量程正确读数。

（4）测量直流电流

①把转换开关拨到直流电流挡,并选择合适的量程。

②将被测电路断开,万用表串接于被测电路中。注意正、负极性,电流从红表笔流入,从黑表笔流出,不可接反。

③根据指针稳定时的位置及所选量程,正确读数。

（5）用万用表测量电压或电流时的注意事项

①测量时,不能用手触摸表笔的金属部分,以保证安全和测量的准确性。

②测直流量时,要注意被测电量的极性,避免指针反打而损坏表头。

③测量较高电压或大电流时,不能带电转动转换开关,避免转换开关的触点产生电弧而被损坏。

④测量完毕后,将转换开关置于交流电压最高挡或空挡。

（6）测量电阻

①把转换开关拨到欧姆挡,合理选择量程。

②两表笔短接,进行电调零,即转动零欧姆调节旋钮,使指针打到电阻刻度右边的"0"Ω处。

③将被测电阻脱离电源,用两表笔接触电阻两端,从表头指针显示的读数乘以所选量程的倍率数即为所测电阻的阻值。

（7）用万用表测量电阻时的注意事项

①不允许带电测量电阻,否则会烧坏万用表。

②万用表内干电池的正极与面板上"一"号插孔相连,干电池的负极与面板上的"＋"号插孔相连。在测量电解电容和晶体管等器件的电阻时要注意极性。

③每换一次倍率挡,要重新进行电调零。

④不允许用万用表电阻挡直接测量高灵敏度表头内阻,以免烧坏表头。

⑤不准用两只手捏住表笔的金属部分测电阻,否则会将人体电阻并接于被测电阻而引起测量误差。

⑥测量完毕,将转换开关置于交流电压最高挡或空挡。

1.1.2 数字式万用表

数字式万用表具有测量精度高、显示直观、功能全、可靠性好、小巧轻便以及便于操作等优点。

1. 面板结构与功能

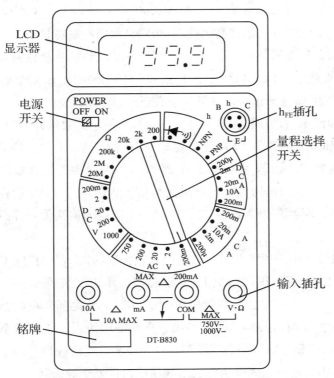

图 3-4 DT-830 型数字式万用表的面板图

图 3-4 为 DT-830 型数字式万用表的面板图,包括 LCD 液晶显示器、电源开关、量程选择开关、表笔插孔等。

液晶显示器最大显示值为 1999,且具有自动显示极性功能。若被测电压或电流的极性为负,则显示值前将带"—"号。若输入超量程时,显示屏左端出现"1"或"—1"的提示字样。

电源开关(POWER)可根据需要,分别置于"ON"(开)或"OFF"(关)状态。测量完毕,应将其置于"OFF"位置,以免空耗电池。数字万用表的电池盒位于后盖的下方,采用 9 V 叠层电池。电池盒内还装有熔丝管,以起过载保护作用。旋转式量程开关位于面板中央,用以选择测试功能和量程。若用表内蜂鸣器作通断检查时,量程开关应停放在标有"·)))"符号的位置。

h$_{FE}$ 插口用以测量三极管的 h$_{FE}$ 值时,将其 B、C、E 极对应插入。

输入插口是万用表通过表笔与被测量连接的部位,设有"COM"、"V·Ω"、"mA"、"10A"

四个插口。使用时,黑表笔应置于"COM"插孔,红表笔依被测种类和大小置于"V·Ω"、"mA"或"10A"插孔。在"COM"插孔与其他三个插孔之间分别标有最大(MAX)测量值,如10 A、200 mA、交流 750 V、直流 1 000 V。

2. 使用方法

(1) 测量交、直流电压(ACV、DCV)时,红、黑表笔分别接"V·Ω"与"COM"插孔,旋动量程选择开关至合选位置(200 mV、2 V、20 V、200 V、700 V 或 1 000 V),红、黑表笔并接于被测电路(若是直流,注意红表笔接高电位端,否则显示屏左端将显示"-")。此时显示屏显示出被测电压数值。若显示屏只显示最高位"1",表示溢出,应将量程调高。

(2) 测量交、直流电流(ACA、DCA)时,红、黑表笔分别接"mA"(大于 200 mA 时应接"10 A")与"COM"插孔,旋动量程选择开关至合适位置(2 mA、20 mA、200 mA 或 10 A),将两表笔串接于被测回路(直流时,注意极性),显示屏所显示的数值即为被测电流的大小。

(3) 测量电阻时,无须调零。将红、黑表笔分别插入"V·Ω"与"COM"插孔,旋动量程选择开关至合适位置(200、2 K、200 K、2 M、20 M),将两笔表跨接在被测电阻两端(不得带电测量!),显示屏所显示数值即为被测电阻的数值。当使用 200MΩ 量程进行测量时,先将两表笔短路,若该数不为零,仍属正常,此读数是一个固定的偏移值,实际数值应为显示数值减去该偏移值。

(4) 进行二极管和电路通断测试时,红、黑表笔分别插入"V·Ω"与"COM"插孔,旋动量程开关至二极管测试位置。正向情况下,显示屏即显示出二极管的正向导通电压,单位为mV(锗管应在 200~300 mV 之间,硅管应在 500~800 mV 之间);反向情况下,显示屏应显示"1",表明二极管不导通,否则,表明此二极管反向漏电流大。正向状态下,若显示"000",则表明二极管短路,若显示"1",则表明断路。在用来测量线路或器件的通断状态时,若检测的阻值小于 30 Ω,则表内发出蜂鸣声以表示线路或器件处于导通状态。

(5) 进行晶体管测量时,旋动量程选择开关至"h_{FE}"位置(或"NPN"或"PNP"),将被测三极管依 NPN 型或 PNP 型将 B、C、E 极插入相应的插孔中,显示屏所显示的数值即为被测三极管的"h_{FE}"参数。

(6) 进行电容测量时,将被测电容插入电容插座,旋动量程选择开关至"CAP"位置,显示屏所示数值即为被测电荷的电荷量。

3. 注意事项

(1) 当显示屏出现"LOBAT"或"←"时,表明电池电压不足,应予更换。

(2) 若测量电流时,没有读数,应检查熔丝是否熔断。

(3) 测量完毕,应关上电源;若长期不用,应将电池取出。

(4) 不宜在日光及高温、高湿环境下使用与存放(工作温度为 0~40℃,湿度小于 80%)。使用时应轻拿轻放。

1.2 示波器

示波器(如图 3-5 所示)是利用阴极射线示波管(CRT)作为显示器的一种电子测量仪器。它可以将人们用肉眼看不见的电信号转换成具体的可见图像,既可以用于观测被测信号的波形,也可以用于测量被测信号的电压、频率、周期、相位和调幅系数等。示波器在科学研究和工业生产领域中得到了十分广泛的应用,是电子测量中十分重要的测量仪器之一。

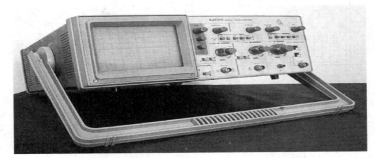

图 3-5　示波器外形图

1. 基本结构

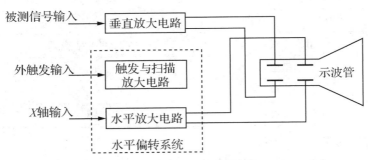

图 3-6　示波器基本结构

2. 使用方法

(1) 开机前的准备工作及操作注意事项

①检查电源电压是否与仪器电源电压要求一致,电源电压应适应 220 V±10% 的范围。

②其使用环境温度为 $-10\ ℃\sim +40\ ℃$

③示波器与被测电路之间的连线不宜过长,以免引入干扰,一般应使用屏蔽电缆及探头。

(2) 接通电源后的控制步骤

①接通电源后应预热几分钟。

②显示光点或扫描线。各控制件置于如表 3-1 所示的作用位置后寻找光点。若看到光点或水平扫描线,可调整辉度、聚焦等旋钮,使显示的波形清晰。若没有出现光点,则可按下"寻迹"按键,确定光点所在的位置。调节 Y 轴和 X 轴的移位控制器,将光点(或扫描线)移

至屏幕的中心位置,并将其调节清晰。

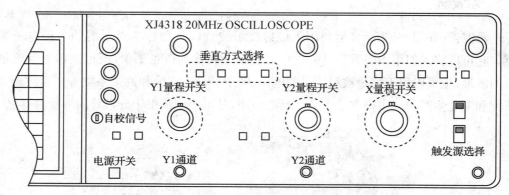

图 3-7 示波器面板

表 3-1 寻找光点各控制开关位置

控制开关名称	设置位置
显示方式	YA
"极性 拉—YA"	常态
"DC—⊥—AC"	置于"⊥"
"内触发 拉—YB"	常态
触发方式	"自动"或"高频"
Y 轴移位	居中
X 轴移位	居中
X 轴移位微调	居中

(3)输入信号的连接

对输入信号的连线应注意必须使用屏蔽电缆线,尤其是观察低电平信号且包含较高频率谐波成分的波形。同时,应注意将电缆的芯线和屏蔽地线直接连接在被测信号源附近,否则将会造成测量上的误差。在测量和观察一般波形时,示波器的输入端也应采用尽量短的连线。

(4)探头的使用

信号源在受到测试负载影响时将会产生一定的测量误差,为减小这类误差,通常在测量时需要使用探头,通过探头使信号源和测试负载实现隔离。由于探头的分压器可以进行一定的衰减,因此,测试探头适用于测量幅值较大的信号,具体的测试读数应取"V/div"开关刻度指示值的 10 倍。

(5)电压的测量方法

在测量输入信号电压时,应将灵敏度选择开关"V/div"的"微调"旋钮顺时针方向旋至"校准"的位置,这样就可以按照"V/div"的指示值直接计算出被测信号的电压值。由于被测信号一般含有交流分量和直流分量,所以在测试时应注意选择输入耦合开关。

①交流电压的测量

a. 将 Y 轴输入耦合开关"DC－⊥－AC"置于"AC"处,若信号频率较低,则应置于"DC"处。

b. 将被测信号波形移至示波器的示波管屏幕的中心位置,并按照坐标刻度的分度读取整个波形所占 Y 轴方向的刻度数。

c. 如果使用探头测量,应将探头的衰减量计算在测量结果中。

②直流电压的测量

a. 将触发方式开关置于"自动"或"高频"的自激工作状态,调节相关旋钮使示波器的屏幕上显示出水平时基线。

b. 将 Y 轴输入耦合开关"DC－⊥－AC"置于"⊥"位置,并调整垂直移位旋钮使时基线位于示波器屏幕中部的零电平参考基准线位置,此时的时基线位置即为零电平参考基准线的位置。

③周期和频率的测量

首先,按照交流电压的测量操作步骤在示波器的屏幕上稳定地显示出被测信号的波形;然后,将示波器的水平扫描开关"t/div"的"微调"旋钮按顺时针的方向旋至"校准"位置。从示波器显示屏幕上直接读出被测信号波形一个周期在水平方向所占的格数 A,然后将其与"t/div"的指示值相乘,便可得到被测信号的周期。

④相位的测量

采用双踪示波器可以测量两个同频率信号之间的相位关系,将示波器的 Y 轴触发源开关置于"YB"位置,然后利用内触发的形式起动示波器扫描,可以测得两个信号之间的相位差。

任务二　常用电子元件的识别与检测

工作思考

1. 你都熟悉哪些电子元件? 你认识电阻吗? 你知道它的大小吗?

2. 你还知道哪些电子元件? 你会用万用表对它们进行检测吗?

知识链接

2.1　电阻

电阻是最常用最基本的电子元件之一,利用电阻对电能的吸收作用,可使电路中各个元件按需要分配电能,稳定和调节电路的电流和电压。

在物理学中,用电阻来表示导体对电流阻碍作用的大小。导体的电阻越大,表示导体对电流的阻碍作用越大。不同的导体,电阻一般不同,电阻元件的电阻值大小还与温度有关。

2.1.1　电阻的型号命名方法

国产电阻器的型号由四部分组成(不适用敏感电阻)。

第一部分:主称,用字母表示,表示产品的名字。如 R 表示电阻,W 表示电位器。

第二部分:材料,用字母表示,表示电阻体用什么材料组成、T—碳膜、H—合成碳膜、S—有机实心、N—无机实心、J—金属膜、Y—氮化膜、C—沉积膜、I—玻璃釉膜、X—线绕。

第三部分:分类,一般用数字表示,个别类型用字母表示,表示产品属于什么类型。1—普通、2—普通、3—超高频 、4—高阻、5—高温、6—精密、7—精密、8—高压、9—特殊、G—高功率、T—可调。

第四部分:序号,用数字表示,表示同类产品中不同品种,以区分产品的外形尺寸和性能指标等 例如:RT11 型普通碳膜电阻。

2.1.2　电阻器阻值标示方法

1. 直标法:用数字和单位符号在电阻器表面标出阻值,其允许误差直接用百分数表示,若电阻上未标注偏差,则均为±20％。

2. 文字符号法:用阿拉伯数字和文字符号两者有规律的组合来表示标称阻值,其允许偏差也用文字符号表示。符号前面的数字表示整数阻值,后面的数字依次表示第一位小数阻值和第二位小数阻值。

3. 数码法:在电阻器上用三位数码表示标称值的标志方法。数码从左到右,第一、二位为有效值,第三位为指数,即零的个数,单位为欧。偏差通常采用文字符号表示。

4. 色标法:用不同颜色的带或点在电阻器表面标出标称阻值和允许偏差。国外电阻大部分采用色标法,如图 3-8 所示。

黑—0、棕—1、红—2、橙—3、黄—4、绿—5、蓝—6、紫—7、灰—8、白—9、金—±5％、银—±10％、无色—±20％

当电阻为四环时,最后一环必为金色或银色,前两位为有效数字,第三位为乘方数,第四位为偏差。

当电阻为五环时,最后一环与前面四环距离较大。前三位为有效数字,第四位为乘方数,第五位为偏差。

如图 3-8 采用四环法标称电阻值,颜色为红红黑黄,其中前两位"红红"为有效数字,即为 22,第三位为乘方数"黑"为$\times 10^1$,第四位"黄"为偏差,即红红黑黄为 220 Ω。

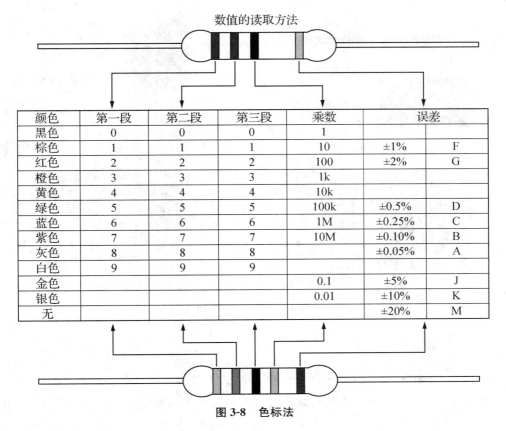

图 3-8　色标法

颜色	第一段	第二段	第三段	乘数	误差	
黑色	0	0	0	1		
棕色	1	1	1	10	±1%	F
红色	2	2	2	100	±2%	G
橙色	3	3	3	1k		
黄色	4	4	4	10k		
绿色	5	5	5	100k	±0.5%	D
蓝色	6	6	6	1M	±0.25%	C
紫色	7	7	7	10M	±0.10%	B
灰色	8	8	8		±0.05%	A
白色	9	9	9			
金色				0.1	±5%	J
银色				0.01	±10%	K
无					±20%	M

2.1.3　固定电阻器的检测

1. 将两表笔(不分正负)分别与电阻的两端引脚相接即可测出实际电阻值。为了提高测量精度,应根据被测电阻标称值的大小来选择量程。由于欧姆挡刻度的非线性关系,它的中间一段分度较为精细,因此应使指针指示值尽可能落到刻度的中段位置,即全刻度起始的20%～80%弧度范围内,以使测量更准确。根据电阻误差等级不同。读数与标称阻值之间分别允许有±5%、±10%或±20%的误差。如不相符,超出误差范围,则说明该电阻值变值了。

2. 注意:测试时,特别是在测几十千欧以上阻值的电阻时,手不要触及表笔和电阻的导电部分;被检测的电阻从电路中焊下来,至少要焊开一个头,以免电路中的其他元件对测试产生影响,造成测量误差;色环电阻的阻值虽然能以色环标志来确定,但在使用时最好还是用万用表测试一下其实际阻值。

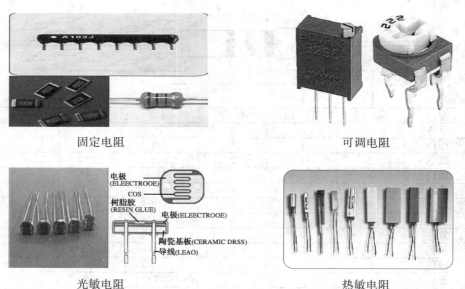

固定电阻 可调电阻

电极
(ELEECTROOE)
COS

树脂胶
(RESIN GLUE)

电极(ELEECTROOE)

陶瓷基板(CERAMIC DRSS)
导线(LEAO)

光敏电阻 热敏电阻

图3-9　电阻的外形图

2.1.4　可调电阻的检测

检查可调电阻时,首先要转动旋柄,看看旋柄转动是否平滑,开关是否灵活,开关通、断时"咔哒"声是否清脆,并听一听电位器内部接触点和电阻体摩擦的声音,如有"沙沙"声,说明质量不好。用万用表测试时,先根据被测电位器阻值的大小,选择好万用表的合适电阻挡位,然后可按下述方法进行检测。

1. 用万用表的欧姆挡测"1"、"2"两端,其读数应为可调电阻的标称阻值,如万用表的指针不动或阻值相差很多,则表明该电位器已损坏。

2. 检测可调电阻的活动臂与电阻片的接触是否良好。用万用表的欧姆挡测"1"、"2"(或"2"、"3")两端,将可调电阻的转轴按逆时针方向旋至接近"关"的位置,这时电阻值越小越好。再顺时针慢慢旋转轴柄,电阻值应逐渐增大,表头中的指针应平稳移动。当轴柄旋至极端位置"3"时,阻值应接近可调电阻的标称值。如万用表的指针在可调电阻的轴柄转动过程中有跳动现象,说明活动触点有接触不良的故障。

2.1.5　光敏电阻

光敏电阻是一种电阻值随外界光照强弱(明暗)变化而变化的元件,光越强阻值越小,光越弱阻值越大。

如果把光敏电阻的两个引脚接在万用表的表笔上,用万用表的 $R×1$ k 挡测量在不同的光照下光敏电阻的阻值:将光敏电阻从较暗的抽屉里移到阳光下或灯光上,万用表读数将会发生变化。在完全黑暗处,光敏电阻的阻值可达几兆欧以上(万用表指示电阻为无穷大,即指针不动),而在较强光线下,阻值可降到几千欧甚至 1 千欧以下。

2.1.6　热敏电阻

热敏电阻是敏感元件的一类,其电阻值会随着热敏电阻本体温度的变化呈现出阶跃性的变化,具有半导体特性。

热敏电阻按照温度系数的不同分为:正温度系数热敏电阻(简称 PTC 热敏电阻)和负温度系数热敏电阻(简称 NTC 热敏电阻)。

2.2　电容

电容(或称电容量)是表征电容器容纳电荷本领的物理量。我们把电容器的两极板间的电势差增加 1 伏所需的电量,叫做电容器的电容。

电容是一种存储电能的元件,具有充放电特性和通交流隔直流的能力。

电容主要用于电源滤波、信号滤波、信号耦合、谐振、隔直流等电路中。

2.2.1　电容的分类

1. 按照功能分类

涤纶电容、云母电容、高频瓷介电容、独石电容、电解电容等。

2. 按照安装方式分类

插件电容、贴片电容。

3. 按电路中电容的作用分类

耦合电容、滤波电容、高频消振电容、谐振电容、负载电容等。

贴片电容

瓷片电容

插件电容

电解电容

图 3-10　常见电容的外形图

2.2.2　电容器的参数

电容的识别方法与电阻的识别方法基本相同,分直标法、色标法和数标法 3 种。电容的基本单位用法拉(F)表示。

其他单位还有:毫法(mF)、微法(μF)、纳法(nF)、皮法(pF)。

其中:1 F＝1 000 mF,1 mF＝1 000 μF , 1 μF＝1 000 nF,1 nF＝1 000 pF

1. 直标法 、字母表示法

如:10 μF/16V, 4 700 μF/50 V

容量小的电容其容量值在电容上用字母表示或数字表示。

字母表示法:

1 m＝1 000 μF　1P2＝1.2 pF　1 n＝1 000 pF　P33＝0.33 pF　3U3＝3.3 μF

2. 数字表示法

三位数字的表示法,也称电容量的数码表示法。三位数字的前两位数字为标称容量的有效数字,第三位数字表示有效数字后面零的个数,它们的单位都是 pF。

如:102 表示标称容量为 1 000 pF。

221 表示标称容量为 220 pF。

224 表示标称容量为 22×10^{4} pF。

在这种表示法中有一个特殊情况,就是当第三位数字用"9"表示时,是用有效数字乘上 10 的－1 次方来表示容量大小。

如:229 表示标称容量为 22×10^{-1} pF＝2.2 pF。

2.2.3　固定电容器的检测

1. 检测 10 pF 以下的小电容

因为 10 pF 以下的固定电容器容量太小,用万用表进行测量,只能定性的检查其是否有漏电,内部短路或击穿现象。测量时,可选用万用表 $R\times10$ k 挡,用两表笔分别任意接电容的两个引脚,阻值应为无穷大。若测出阻值(指针向右摆动)为零,则说明电容漏电损坏或内部击穿。

2. 对于 0.01 μF 以上的固定电容,可用万用表的 $R\times10$ k 挡直接测试电容器有无充电过程以及有无内部短路或漏电,并可根据指针向右摆动的幅度大小估计出电容器的容量。

2.2.4　电解电容器的检测

1. 因为电解电容的容量较一般固定电容大得多,所以,测量时,应针对不同容量选用合适的量程。根据经验,一般情况下,1～47 μF 间的电容,可用 $R\times1$ k 挡测量,大于 47 μF 的电容可用 $R\times100$ 挡测量。

2. 将万用表红表笔接负极,黑表笔接正极,在刚接触的瞬间,万用表指针即向右偏转较大偏度(对于同一电阻挡,容量越大,摆幅越大),接着逐渐向左回转,直到停在某一位置。此时的阻值便是电解电容的正向漏电阻,此值略大于反向漏电阻。实际使用经验表明,电解电容的漏电阻一般应在几百千欧以上,否则,将不能正常工作。在测试中,若正向、反向均无充电的现象,即表针不动,则说明容量消失或内部断路;如果所测阻值很小或为零,说明电容漏电大或已击穿损坏,不能再使用。

3. 对于正、负极标志不明的电解电容器,可利用上述测量漏电阻的方法加以判别。即先任意测一下漏电阻,记住其大小,然后交换表笔再测出一个阻值。两次测量中阻值大的那一次便是正向接法,即黑表笔接的是正极,红表笔接的是负极。

4. 使用万用表电阻挡,采用给电解电容进行正、反向充电的方法,根据指针向右摆动幅度的大小,可估测出电解电容的容量。

2.3 电感

电感器(电感线圈)和变压器均是用绝缘导线(例如漆包线、纱包线等)绕制而成的电磁感应元件。

电感的结构:电感器一般由骨架、绕组、屏蔽罩、封装材料、磁芯或铁芯等组成。

2.3.1 电感的分类

1. **按工作频率分类**

高频电感器、中频电感器和低频电感器。

2. **按用途分类**

振荡电感器、校正电感器、显像管偏转电感器、阻流电感器、滤波电感器、隔离电感器等。

3. **按结构分类**

线绕式电感器和非线绕式电感器,还可分为固定式电感器和可调式电感器。

可调式电感   固定式电感   固定式电感

图 3-11 常见电感的外形图

2.3.2 电感的参数

电感器的主要参数有电感量、允许偏差、品质因数、分布电容及额定电流等。

1. 电感量也称自感系数,是表示电感器产生自感应能力的一个物理量。

电感器电感量的大小,主要取决于线圈的圈数(匝数)、绕制方式、有无磁芯及磁芯的材料等。通常,线圈圈数越多、绕制的线圈越密集,电感量就越大。有磁芯的线圈比无磁芯的线圈电感量大;磁芯导磁率越大的线圈,电感量也越大。

电感量的基本单位是亨利(简称亨),用字母"H"表示。常用的单位还有毫亨(mH)和微亨(μH),它们之间的关系是:

1 H＝1 000 mH

1 mH＝1 000 μH

2. 允许偏差是指电感器上标称的电感量与实际电感的允许误差值。

一般用于振荡或滤波等电路中的电感器要求精度较高,允许偏差为±0.2％～±0.5％;而用于耦合、高频阻流等线圈的精度要求不高,允许偏差为±10％～±15％。

3. 品质因数也称 Q 值或优值,是衡量电感器质量的主要参数。它是指电感器在某一频率的交流电压下工作时,所呈现的感抗与其等效损耗电阻之比。电感器的 Q 值越高,其损耗越小,效率越高。

电感器品质因数的高低与线圈导线的直流电阻、线圈骨架的介质损耗及铁芯、屏蔽罩等引起的损耗等有关。

4. 分布电容是指线圈的匝与匝之间、线圈与磁芯之间存在的电容。电感器的分布电容越小,其稳定性越好。

5. 额定电流是指电感器有正常工作时所允许通过的最大电流值。若工作电流超过额定电流,则电感器就会因发热而使性能参数发生改变,甚至还会因过流而烧毁。

2.3.3 电感的表示方法

1. 直标法

直标法是将电感的标称电感量用数字和文字符号直接标在电感体上,电感量单位后面的字母表示偏差。

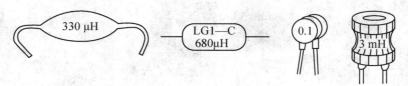

图 3-12 电感的直标表示法

2. 文字符号法

文字符号法是将电感的标称值和偏差值用数字和文字符号法按一定的规律组合标示在电感体上。采用文字符号法表示的电感通常是一些小功率电感,单位通常为 nH 或 μH。用 μH 做单位时,"R"表示小数点;用"nH"做单位时,"N"表示小数点。

图 3-13　电感的文字符号表示法

3. 色标法

色标法是在电感表面涂上不同的色环来代表电感量(与电阻类似),通常用三个或四个色环表示。识别色环时,紧靠电感体一端的色环为第一环,露出电感体本色较多的另一端为末环。

注意:用这种方法读出的色环电感量,默认单位为微亨(μH)。

图 3-14　电感的色标表示法

4. 数码表示法

数码表示法是用三位数字来表示电感量的方法,常用于贴片电感上。

三位数字中,从左至右的第一、第二位为有效数字,第三位数字表示有效数字后面所加"0"的个数。

注意:用这种方法读出的色环电感量,默认单位为微亨(μH)。如果电感量中有小数点,则用"R"表示,并占一位有效数字。例如:标示为"330"的电感为 $33 \times 100 = 33\ \mu$H。

图 3-15　电感的数码表示法

2.3.4　电感的检测

准确测量电感线圈的电感量 L 和品质因数 Q,可以使用万能电桥或 Q 表。采用具有电感挡的数字万用表来检测电感很方便。电感是否开路或局部短路,以及电感量的相对大小可以用万用表作出粗略检测和判断。

1. 电感的检测

（1）外观检查

检测电感时，先进行外观检查，看线圈有无松散，引脚有无折断，线圈是否烧毁或外壳是否烧焦等现象。若有上述现象，则表明电感已损坏。

（2）万用表电阻法检测

然后，用万用表的欧姆挡测线圈的直流电阻。电感的直流电阻值一般很小，匝数多、线径细的线圈能达几十欧；对于有抽头的线圈，各引脚之间的阻值均很小，仅有几欧姆左右。若用万用表 $R \times 1 \Omega$ 挡测线圈的直流电阻，阻值无穷大说明线圈（或与引出线间）已经开路损坏；阻值比正常值小很多，则说明有局部短路；阻值为零，说明线圈完全短路。

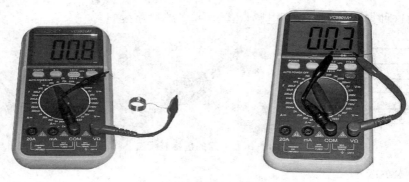

图 3-16　万用表电阻法检测

（3）万用表电压法检测

万用表电压法检测实际上是利用万用表测量电感量的，以 MF50 型万用表为例，检测方法如下：

万用表的刻度盘上有交流电压与电感量量相对应的刻度。

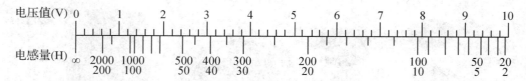

①选择量程

把万用表转换开关置于交流 10 V 挡。

②配接交流电源

准备一只调压型或输出 10 V 的电源变压器，然后按如图 3-17 所示的方法进行连接测量。

③测量与读数

交流电源、电容器、万用表串联成闭合回路，上电后进行测量。待表针稳定后即可读数。

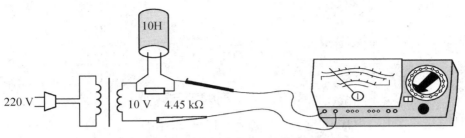

图 3-17 万用表电压法检测

2.4 二极管

二极管又称晶体二极管,简称二极管,它是一种只往一个方向传送电流的电子零件。

2.4.1 二极管的分类

1. 根据用途分类

检波二极管、整流二极管、变容二极管 、稳压二极管 、发光二极管等。

2. 根据特性分类

一般用点接触型二极管 、高反向耐压点接触型二极管 、高反向电阻点接触型二极管。

3. 根据构造分类

点接触型二极管 、平面型二极管等。

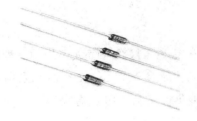

稳压二极管

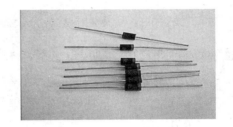

整流二极管

发光二极管

变容二极管

图 3-18 常见二极管的外形图

图 3-19　二极管的图形符号

晶体二极管在电路中常用"D"加数字表示,如:D5 表示编号为 5 的二极管。

2.4.2　二极管的特性

二极管最重要的特性就是单向导电性。在电路中,电流只能从二极管的正极流入,负极流出。

2.4.3　二极管的主要参数

1. 最大电流:是指二极管长期连续工作时允许通过的最大正向电流值,其值与 PN 结面积及外部散热条件等有关。

2. 最高反向工作电压:加在二极管两端的反向电压高到一定值时,会将管子击穿,失去单向导电能力。

3. 反向电流:反向电流是指二极管在规定的温度和最高反向电压作用下,流过二极管的反向电流。反向电流越小,管子的单方向导电性能越好。

2.4.4　二极管的外观识别方法

二极管的识别很简单,小功率二极管的 N 极(负极),在二极管外表大多采用一种色圈标出来,有些二极管也用二极管专用符号来表示 P 极(正极)或 N 极(负极),也有采用符号标志为"P"、"N"来确定二极管极性的。发光二极管的正负极可从引脚长短来识别,长脚为正,短脚为负。

2.4.5　二极管的检测

1. 用指针式万用表检测

(1) 正向特性测试

把万用表的黑表笔(表内正极)搭触二极管的正极,红表笔(表内负极)搭触二极管的负极。若表针不摆到 0 值而是停在标度盘的中间,这时的阻值就是二极管的正向电阻,一般正向电阻越小越好。若正向电阻为 0 值,说明管芯短路损坏,若正向电阻接近无穷大值,说明管芯断路。短路和断路的二极管都不能使用。

(2) 反向特性测试

把万用表的红表笔搭触二极管的正极,黑表笔搭触二极管的负极,若表针指在无穷大值或接近无穷大值,二极管就是合格的。

2. 用数字式万用表检测

把万用表调到检测二极管的挡位,用红表笔和黑表笔分别接触被测二极管的两极(红笔接正极,黑笔接负极),可显示二极管的正向压降。正常应显示:硅管 $0.500\sim0.700$,锗管 $0.150\sim0.300$。肖特基二极管的压降是 0.2 V 左右,普通硅整流管约为 0.7 V,发光二极管约为 $1.8\sim2.3$ V。调换表笔,显示屏显示"1"则为正常,因为二极管的反向电阻很大,否则此管已被击穿。正测、反测均为 0 或者为 1,表明此管损坏。

3. 发光二极管的检测

把数字式万用表调到检测二极管的挡位,用红表笔和黑表笔分别接触被测二极管的两极(红笔接正极,黑笔接负极),这时若二极管发光,则此二极管就是正常的。

2.4.5　稳压二极管

稳压二极管在电路中常用"ZD"加数字表示,如:ZD5 表示编号为 5 的稳压管。

1. 稳压二极管的稳压原理:稳压二极管的特点就是击穿后,其两端的电压基本保持不变。这样,当把稳压管接入电路以后,若由于电源电压发生波动,或其他原因造成电路中各点电压变动时,负载两端的电压将基本保持不变。

2. 故障特点:稳压二极管的故障主要表现在开路、短路和稳压值不稳定。在这 3 种故障中,第一种故障表现出电源电压升高;后两种故障表现为电源电压变低到零伏或输出不稳定。

2.5　三极管

三极管全称应为半导体三极管,也称双极型晶体管、晶体三极管,是一种电流控制电流的半导体器件。其作用是把微弱信号放大成幅值较大的电信号,也用作无触点开关。

2.5.1　三极管的分类

1. 按材质分:硅管、锗管。

2. 按结构分:NPN 、PNP。

3. 按功能分:开关管、功率管、达林顿管、光敏管等。

4. 按功率分:小功率管、中功率管、大功率管。

5. 按工作频率分:低频管、高频管、超频管。

6. 按结构工艺分:合金管、平面管。

7. 按安装方式:插件三极管、贴片三极管。

插件三极管

大功率三极管

贴片三极管

光敏三极管

图 3-20　常见三极管的外形图

2.5.2　三极管的特性

晶体三极管具有电流放大作用,其实质是三极管能以基极电流微小的变化量来控制集电极电流较大的变化量。这是三极管最基本的和最重要的特性。我们将 $\Delta I_c/\Delta I_b$ 的比值称为晶体三极管的电流放大倍数,用符号"β"表示。电流放大倍数对于某一只三极管来说是一个定值,但随着三极管工作时基极电流的变化也会有一定的改变。

2.5.3　三极管的工作状态

1. 截止状态:当加在三极管发射结的电压小于 PN 结的导通电压,基极电流为零,集电极电流和发射极电流都为零,三极管这时失去了电流放大作用,集电极和发射极之间相当于开关的断开状态。

2. 放大状态:当加在三极管发射结的电压大于 PN 结的导通电压,并处于某一恰当的值时,三极管的发射结正向偏置,集电结反向偏置,这时基极电流对集电极电流起着控制作用,使三极管具有电流放大作用,其电流放大倍数 $\beta=\Delta I_c/\Delta I_b$,这时三极管处于放大状态。

3. 饱和导通状态:当加在三极管发射结的电压大于 PN 结的导通电压,并当基极电流增大到一定程度时,集电极电流不再随着基极电流的增大而增大,而是处于某一定值附近不怎么变化,这时三极管失去电流放大作用,集电极与发射极之间的电压很小,集电极和发射极之间相当于开关的导通状态。

2.5.4　三极管的封装形式和管脚识别

常用三极管的封装形式有金属封装和塑料封装两大类,引脚的排列方式具有一定的规律,如图 3-21 所示。

1. 半导体三极管封装形式和管脚识别

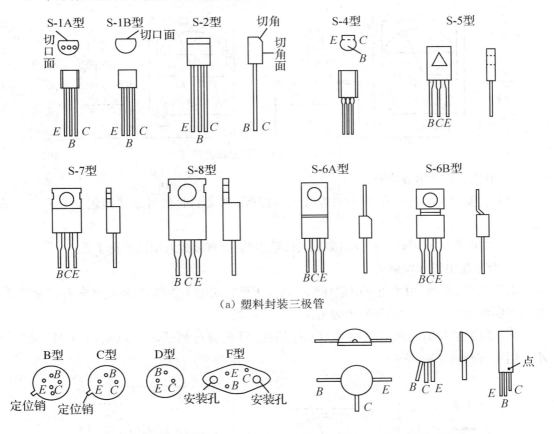

（a）塑料封装三极管

（b）金属封装三极管　　　　　　　　　　（c）微型三极管

图 3-21　半导体三极管封装形式和管脚识别

2. 三极管命名方法

例如:3AX31B—PNP 型锗低频小功率三极管

　　　3AD6A—PNP 型锗低频大功率三极管

　　　3DG6B—NPN 型硅高频小功率三极管

2.5.5　三极管的检测

1. 用指针式万用表检测

(1) 选择万用表欧姆 $R \times 1$ k 挡,测任意两管脚电阻值;若非常大,则更换某一管脚或交换表笔,直至有较小测量阻值为止。

（2）此时，黑表笔对应为 PN 结的 P 端，而红表笔对应为 PN 结的 N 端（检测时，使用的万用表为模拟式万用表）。

（3）然后，再通过以上测量方法判断出，第三脚的极性（是 P 端还是 N 端），而不同极性的管脚为三极管的基极。

（4）最后根据三个管脚构成材料，来判断三极管的类型。

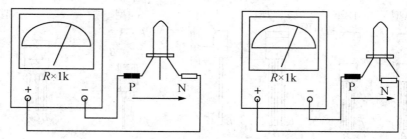

图 3-22　用指针式万用表检测

2. 用数字式万用表检测

（1）三极管其实就是用两个二极管衔接成的，测试的时候可以按照测二极管的方式测量。

（2）有的数字万用表上有专门测试三极管用的孔，直接放入测试就行了。

3. 判断集电极和发射极

对于 NPN 型管，用手指同时捏住基极与黑表笔搭接的一管脚，如果表针向右方偏转，就初步判断红表笔接的是发射极，黑表笔接的是集射极。

黑、红表笔对调，且黑表笔接手与基极搭接，重新进行测试，表针基本不偏转（偏转很小），则管脚判断正确。

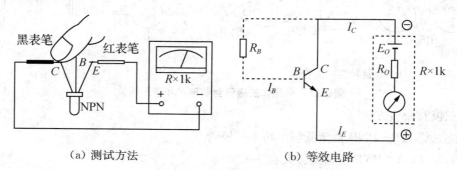

（a）测试方法　　　　　　　　（b）等效电路

图 3-23　用数字式万用表检测

对于 PNP 型管判别管脚的方法基本同上，主要区别在于手指搭接红表笔上。

4. 三极管的挑选

（1）穿透电流 I_{CEO} 大小判断

用 $R×100$ 或 $R×1$ k 挡去测量集电极和发射极之间的电阻值，电阻值越大则穿透电流 I_{CEO} 越小，管子性能越好。

（2）电流放大倍数的估计

如图 3-24 所示，指针摆动角越大说明电流放大能力越大。

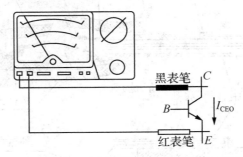

图 3-24　电流放大倍数的估计

任务三　焊接工艺

 ## 工作思考

1. 你会使用电烙铁吗？
2. 你能把合格的电子元件焊接在电路板上吗？
3. 你知道什么样的焊点才是合格的焊点吗？

 ## 知识链接

3.1　焊接工具与材料

在制作电子产品的过程中，电子元器件的焊接均采用锡焊，焊接质量的好坏直接影响电子设备的工作性能。

1. 焊接的工具：电烙铁、尖嘴钳、斜口钳、剥线钳、镊子和电烙铁架。
2. 焊料与焊剂：电子线路焊接所用焊料为焊锡，常用的焊剂有焊油和松香。
3. 手工焊接：手工焊接就是使用电烙铁进行的人工焊接。

3.2　电烙铁

1. 电烙铁的结构及种类

电烙铁一般分为外热式和内热式两种。

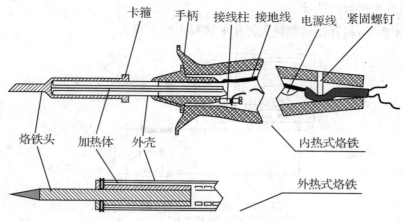

图 3-25　典型电烙铁结构示意图

2. 电烙铁使用的注意事项

（1）使用前必须检查两股电源线和保护接地线的接头是否正确，否则会导致元器件损伤，严重时还会引起操作人员触电。

（2）新电烙铁初次使用，应先对烙铁头搪锡。其方法是：将烙铁头加热到适当温度后，用砂布（纸）擦去或用锉刀挫去氧化层，蘸上松香，然后浸在焊锡中来回摩擦，称为搪锡。电烙铁使用一段时间后，应取下烙铁头，去掉烙铁头与传热筒接触部分的氧化层，再装回，避免以后取不下烙铁头。电烙铁发热器电阻丝由于多次发热，易碎易断，应轻拿轻放，不可敲击。

（3）焊接时，宜用松香或中性焊剂，因酸性焊剂易腐蚀元器件、印制线路板、烙铁头及发热器。

（4）烙铁头应经常保持清洁。使用中若发现烙铁头工作表面有氧化层或污物，应在石棉毡等织物上擦去，否则影响焊接质量。烙铁头工作一段时间后，还会出现因氧化不能上锡的现象，应用锉刀或刮刀去掉烙铁头工作面黑灰色的氧化层，重新搪锡。烙铁头使用过久，还会出现腐蚀凹坑，影响正常焊接，应用榔头，锉刀对其整形，再重新搪锡。

自制烙铁架

市售烙铁架

图 3-26　电烙铁架

（5）电烙铁工作时要放在特制的烙铁架上，烙铁架一般应置于工作台右上方，烙铁头部不能超出工作台，以免烫伤工作人员或其他物品。常用烙铁架如图 3-26 所示。底板由木板制成,烙铁架由铁丝弯制,松香、焊锡槽内盛松香和焊锡,槽的斜面可用来摩擦烙铁头,去除氧化层,以便对烙铁头上锡。这种烙铁架材料易得,制作简便,可以自制。

(6)电烙铁的拆装与故障处理:以 20 W 内热式电烙铁为例来说明它的拆装步骤。拆卸时,首先拧松手柄上顶紧导线的螺钉,旋下手柄,然后从接线桩上取下电源线和电烙铁芯引线,取出烙铁芯,最后拔下烙铁头。安装顺序与拆卸顺序刚好相反,只是在旋紧手柄时,勿使电源线随手柄扭动,以免将电源接头部位绞坏,造成短路。

3.3　手工焊接的步骤

3.3.1　焊前的准备工作

内容主要包括元器件引脚和印刷电路板表面清洁、预焊、元器件引脚成型与拆装。为了保证焊接工作的顺利进行,在焊接前清洁焊接面的工具,可用砂纸(布),也可用废锯条做成刮刀。焊接前应先清除焊接面的绝缘层、氧化层及污物,直到完全露出紫铜表面,其上不留一点污物为止。有些镀金、镀银或镀锡的基材,由于基材难以上锡,所以不能把镀层刮掉,只能用粗橡皮擦去表面污物。焊接面清洁处理后,应尽快搪锡,以免表面重新氧化,搪锡前应先在焊接面涂上焊剂。

3.3.2　焊接步骤

1. 准备:将被焊件、电烙铁、焊锡丝、烙铁架、焊剂等放在工作台上便于操作的地方。加热并清洁烙铁头工作面,搪上少量焊锡。

2. 加热被焊件:将烙铁头放置在焊接点上,对焊点加温;烙铁头工作面搪有焊锡,可加快升温速度,如果一个焊点上有两个以上元件,应尽量同时加热所有被焊件的焊接部位。

3. 熔化焊料:焊点加热到工作温度时,立即将焊锡丝触到被焊件的焊接面上。焊锡丝应对着烙铁头的方向加入,但不能直接触到烙铁头上。

4. 移开焊锡丝:当焊锡丝熔化适量后,应迅速移开。

5. 移开电烙铁:在焊点已经形成,但焊剂尚未挥发完之前,迅速将电烙铁移开。

3.3.3　焊接的检查

1. 足够的机械强度:各焊件在机械上形成一体,要有一定的抗拉、抗震强度。可用镊子轻轻拨动焊接部位进行检查,并确认其质量。检查主要包括导线、元器件引脚和焊锡是否结合良好,有无虚焊现象,元器件引脚和导线根部是否有机械损伤。

2. 外观要合乎要求:一个良好的焊点,应有明亮、平滑、焊料量充足、无裂纹、无针孔和拉尖现象。

3.3.4 焊接的技巧

焊接时的姿势和手法如图 3-27 所示。

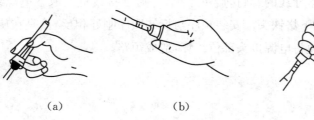

（a）　　　　　　　　（b）　　　　　　　　（c）

图 3-27　焊接时的姿势和手法

焊锡丝的拿法如图 3-28 所示。

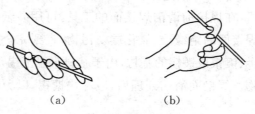

（a）　　　　　　　　　（b）

图 3-28　焊锡丝的拿法

1. 保持烙铁头的清洁。

2. 焊接顺序按元件高度自低到高，依次为电阻器、二极管、集成电路、电容器、三极管。

3. 焊接时间要短，以免造成印制电路板铜箔翘起、元件损坏。

4. 焊锡用量要合适，过量的焊锡会增加焊接的时间，更严重的是过量的焊锡有可能造成不易察觉的短路。但焊锡过少不能形成牢固的结合，同样也是不允许的。

5. 耐热性差的元器件应使用工具辅助散热。如 CMOS 集成电路、瓷片电容、发光二极管等元器件，施焊时注意控制加热时间，焊接一定要快。在焊接过程中，可以用镊子等夹住元器件的引脚，减少热量传递到元器件，避免元器件承受高温。

3.3.5 印制线路板上元器件的安装方法

一般焊件的安装方法：一般焊件主要指阻容元件、二极管等，通常有立式和卧式两种安装法如图 3-29 所示。

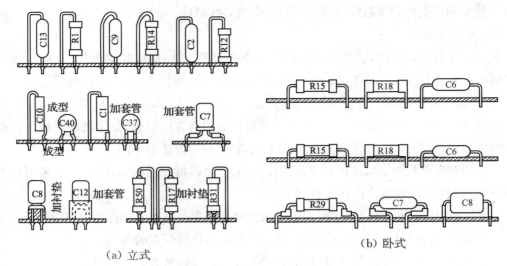

（a）立式　　　　　　　　　　　（b）卧式

图 3-29　立式和卧式安装法

3.3.6　拆焊技术

1. 拆焊工具

（1）吸锡器

吸锡器是用来吸取焊点上存锡的一种工具。它的形式有多种,常用的球形吸锡器如图 3-30 所示。球形吸锡器是将橡皮囊内部空气压出,形成低压区,再通过特制的吸锡嘴,将熔化的锡液吸入球体空腔内。当空腔内的残锡较多时,可取下吸锡嘴,倒出存锡。

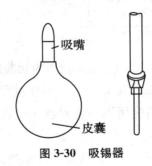

图 3-30　吸锡器

（2）空心针管

可用医用针管改装,要选取不同直径的空心针管若干只,市场上也有出售维修专用的空心针管。

（3）镊子

拆焊以选用端头较尖的不锈钢镊子为佳,它可以用来夹住元器件引线,挑起元器件引脚或线头。

（4）吸锡绳

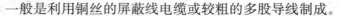

一般是利用铜丝的屏蔽线电缆或较粗的多股导线制成。

（5）吸锡电烙铁

主要用于拆换元器件,它是手工拆焊操作中的重要工作,用以加温拆焊点,同时吸去熔化的焊料。它与普通电烙铁不同的是其烙铁头是空心的,而且多了一个吸锡装置。

2. 用镊子进行拆焊

在没有专用拆焊工具的情况下,用镊子进行拆焊因其方法简单,是印制电路板上元器件拆焊常采用的拆焊方法。由于焊点的形式不同,其拆焊的方法也不同。

对于印制电路板中引线之间焊点距离较大的元器件,拆焊时相对容易,一般采用分点拆焊的方法,如图 3-31 所示。操作过程如下:

（1）首先固定印制电路板,同时用镊子从元器件面夹住被拆元器件的一根引线。

（2）用电烙铁对被夹引线上的焊点进行加热,以熔化该焊点的焊锡。

（3）待焊点上焊锡全部熔化,将被夹的元器件引线轻轻从焊盘孔中拉出。

（4）然后用同样的方法拆焊被拆元器件的另一根引线。

（5）用烙铁头清除焊盘上多余焊料。

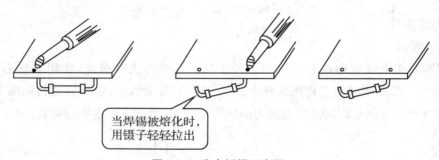

当焊锡被熔化时,用镊子轻轻拉出

图 3-31　分点拆焊示意图

对于拆焊印制电路板中引线之间焊点距离较小的元器件,如三极管等,拆焊时具有一定的难度,多采用集中拆焊的方法,如图 3-32 所示。操作过程如下:

（1）首先固定印制电路板,同时用镊子从元器件一侧夹住被拆焊元器件。

（2）用电烙铁对被拆元器件的各个焊点快速交替加热,以同时熔化各焊点的焊锡。

（3）待烛点上的焊锡全部熔化,将被夹的元器件引线轻轻从焊盘孔中拉出。

（4）用烙铁头清除焊盘上多余焊料。

3. 用吸锡器进行拆焊

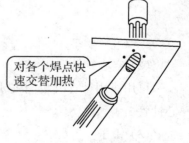

对各个焊点快速交替加热

图 3-32　集中拆焊示意图

吸锡器就是专门用于拆焊的工具,装有一种小型手动空气泵,如图 3-33 所示。其拆焊过程如下:

（1）将吸锡器的吸锡压杆压下。

（2）用电烙铁将需要拆焊的焊点熔融。

（3）将吸锡器吸锡嘴套入需拆焊的元件引脚,并没入熔融焊锡。

图 3-33　吸锡器拆焊示意图

（4）按下吸锡按钮,吸锡压杆在弹簧的作用下迅速复原,完成吸锡动作。如果一次吸不干净,可多吸几次,直到焊盘上的锡吸净,而使元器件引脚与铜箔脱离。

任务四　功率放大器的制作与调试

任务描述

　　制作一个可以将 CD、VCD、DVD、MP3 等信号源输入的声音信号进行放大,通过扬声器输出的功率放大器。技术指标要求功率为 50 W,频率为 20 Hz～20 kHz,信噪比大于 85 dB,信号输入电平为 690 mV。要求学生会运用仪表检查所使用的元器件,熟练地进行手工焊接操作,电路布局美观、元器件插装规范、焊点光滑、饱满。

　　具体任务要求:

　　1. 学生可根据如图 3-34 所示的参考电路原理图进行功率放大器的安装。

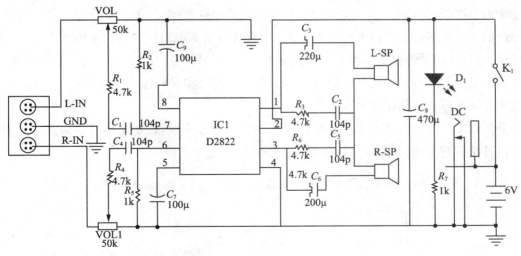

图 3-34　功率放大器原理图

　　2. 安装完成后,要求学生能够进行功率放大器的整机调试。

能力目标

1. 学生必须具备识读电路原理图的能力。

2. 具备识别与检测各种电子元器件的能力，能够判别元器件的好坏。

3. 学会使用万用表、示波器。

4. 熟练掌握电子元器件的装接工艺及焊接工艺。

5. 能够分析基本放大电路、功率放大电路的特点。

工作思考

1. 你知道什么是信号的放大？为什么要放大？怎样实现信号的放大吗？

2. 你能画出三种基本组态的晶体管放大电路吗？

3. 试说出共射放大电路的组成？各元器件的作用是什么？

4. 你知道功率放大电路与电压放大电路有什么区别吗？

5. 对功率放大器有何技术要求？

知识链接

4.1 基本晶体管放大电路

4.1.1 三极管的放大作用

所谓"放大"，是指将一个微弱的电信号，通过某种装置，得到一个波形与该微弱信号相同但幅值却大很多的信号输出。这个装置就是晶体管放大电路。"放大"作用的实质是电路对电流、电压或能量的控制作用。

放大电路的核心元件是晶体管，因此，放大电路若要实现对输入小信号的放大作用，必须首先保证晶体管工作在放大区。

晶体管工作在放大区的外部偏置条件是：其发射结正向偏置、集电结反向偏置。此条件是通过外接直流电源，并配以合适的偏置电路来实现的。

4.1.2 三种基本组态的晶体管放大电路

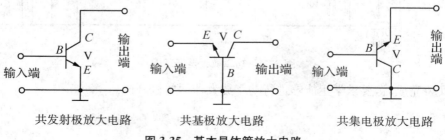

图 3-35　基本晶体管放大电路

无论放大电路的组态如何,其目的都是让输入的微弱小信号通过放大电路后,输出时其信号幅度显著增强。

4.1.3 共射放大电路的组成及各部分作用

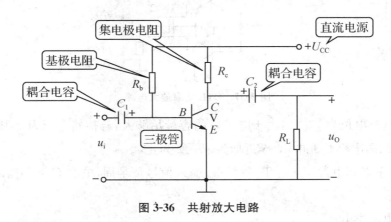

图 3-36 共射放大电路

各元器件的作用:

三极管:它是放大电路的核心,起电流放大作用。

直流电源:它使三极管工作在放大状态,并且为整个电路提供能量。

集电极电阻:将三极管的集电极电流转变为集电极电压。

基极电阻:为放大电路提供合适的静态工作点。同时与基极、发射极、直流电源构成输入回路。

耦合电容:一方面隔断直流,另一发面是传送交流信号。

4.1.4 共射基本放大电路的静态工作点

放大器的工作状态:静态和动态。

动态:放大电路有交流信号输入,电路中的电压、电流随输入信号作相应变化的状态。

静态工作点 Q:放大电路在静态时,晶体管各极电压和电流值。

结论:静态工作点的设置是否合理,直接影响着放大电路的工作状态,它的稳定也影响着放大电路的稳定性。

4.2 功率放大电路

4.2.1 OTL 功率放大器

1. 功率放大电路的特点

功率放大电路与前面介绍的电压放大电路没有本质的区别,都是能量的控制与转换。不同之处在于,各自追求的指标不同:电压放大电路追求不失真的电压放大倍数;功率放大电路追求尽可能大的不失真输出功率和转换效率。

2. 无输出变压器(OTL)乙类互补对称功率放大电路

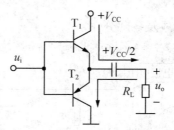

图 3-37　OTL 功率放大电路

静态时:基极电位为 $V_{CC}/2$,由于电容 C 的容量足够大,若初始电压为 0,则基极电压通过 T1 管发射结向电容 C 充电,直至近似为 $V_{CC}/2$ 为止。

输入信号正半周电源 V_{CC} 向 T_1 管供电;输入信号负半周,电容 C 上存储的电压 $V_{CC}/2$ 向 T_2 管供电。

优点:单电源供电。

缺点:低频特性差。

3. 功率放大器的技术要求

(1) 效率尽可能高;

(2) 具有足够大的输出功率;

(3) 非线性失真尽可能小;

(4) 散热条件要好。

4.2.2　OTL 有源音箱的制作

1. 原理图

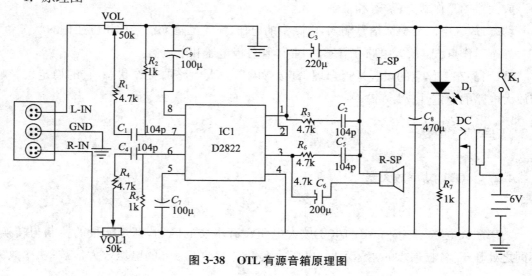

图 3-38　OTL 有源音箱原理图

2. 印刷线路板图

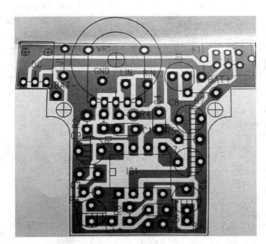

图 3-39　OTL 有源音箱印刷线路板图

3. ADS-228OTL 有源音箱元件清单（如表 3-2 所示）

表 3-2　ADS-228OTL 有源音箱元件清单

元件	型号	数量	位号
线路板	ADS-228L	1	
三极管	9013	2	V_1、V_2
三极管	8050	1	V_3
三极管	8550	1	V_4
DC 插座	DC 插座	1	DC6
电位器	10k 双	1	R_{P1}
开关	SK-22D	1	K_1
二极管	4148	1	D_1
发光二极管	绿色	1	D_2
立体声插头	线长 1 米	1	
微调电阻	100k	1	R_{P3}
微调电阻	1M	1	R_{P2}
微调电阻	1k	1	R_{P4}
电阻	5.1k	1	R_1
电阻	510	2	R_2、R_4
电阻	20	1	R_3
电阻	200	1	R_5

元件	型号	数量	位号
电阻	1k	1	R_6
电阻	20k	1	R_7
电解电容	10 μF/16 V（4×7）	4	C_1-C_4
电解电容	220 μF/10 V（6×5）	2	C_5、C_6
电解电容	470μF/10 V（6×8）	1	C_7
排线	∮1.0×90×2 PMM	2	SP＋、SP－
导线	∮1.2×60 MM	2	
喇叭	∮50 4 Ω 5 W	2	
螺丝	PA2×6 mm	10	底座,机板动作片
螺丝	PA2×8 mm	12	喇叭座
电池片		1	
动作片		4	
说明书		1	
塑胶外壳		1	

4. 工作原理

OTL 功放电源由 6 V 电池或电源插座或电源开关提供,电源插座还具有切换开关的作用。电容 C_7 组成滤波电路,使工作更稳定。二极管 D_2 是工作指示灯,电阻 R_6 起限流作用。晶体三极管 V_1 是前置放大管,组成前置放大级。采用 NPN 型硅三极管,与偏置电阻 R_{P2} 构成简单偏置电路,保证 V_1 工作在甲类放大状态。发射极电阻 R_2 的阻值很小,主要起交流负反馈的作用。晶体三极管 V_2 是激励放大管,组成推动级。它给功率放大输出级以足够的推动信号。R_{P3} 为 V_2 提供偏置电压,保证 V_2 也工作在甲类放大状态。它的集电极电流 I_C 的一部分流经电阻 R_4、电位器 R_{P4} 及二极管 D_1,给 V_3、V_4 提供偏压。所以 R_4、R_{P4} 和二极管 D_1 既是 V_2 的集电极负载,又是 V_3、V_4 的基极偏置电路。V_3、V_4 是互补对称推挽功率放大管,是一对参数对称的 NPN 和 PNP 型晶体三极管,组成功率放大器的输出级。由于每一个管子都接成射极输出器形式,因此具有输出电阻低,负载能力强的优点,适合于作功率输出级。由于 R_{P3} 的一端在 C 点,因此在电路中可以引入交、直流电压并联负反馈,一方面能够稳定放大器的静态工作点,同时也改善了非线性失真。C_6 是输出耦合电容,一般容量较大。C_5 是自举电容,和 R_5 构成自举电路,用于提高输出电压正半周的幅度,可以提高功率增益,以得到最大的动态范围,减少失真。R_7 是负反馈电阻。当输入端输入正弦交流信号时,经电位器 R_{P1} 分压,三极管 V_1 放大后,送到 OTL 功放级。信号再经过 V_2 放大倒相后同时作用于 V_3、V_4 的基极。U_i 的正半周使 V_3 管导通（V_4 管截止）,有电流通过扬声器 Y,同向电容 C_6

充电；V_4 管导通（V_4 管截止），在 U_i 的负半周，V_4 导通（V_3 截止），则已充好电的电容 C_6 起着电源的作用，通过扬声器放电，这样在扬声器上就得到完整的正弦波。

5．焊接与安装

（1）首先，根据元件清单清点元件数量，对不合格的元器件应及时更换。

（2）根据电路原理图和元件安装位置图，插装元件。元件要求美观、均匀、整齐、不歪斜。

（3）按照焊接质量要求焊接元器件，焊点要圆滑、光亮，无虚焊、漏焊、搭焊及毛刺，剪角留在焊面以上 1 mm 左右。

（4）用长导线连接扬声器和电源。

（5）通电进行测试，并排除存在的故障。

（6）整机组装：先把电池弹片插装到位，焊上导线，接到电路板上。再用螺丝把音箱卡簧片安装到位，再把导线从电路板上通过轴上的中心孔接到扬声器上，然后，把扬声器安装到音箱内，用热熔胶固定，最后，把信号线接到电路板上。

6．调试

放大器静态工作点的测试是指对管子集电极电流的调整与测试。静态工作点是否合适，对放大器的性能和输出波形都有很大影响。如工作点偏高，放大器在加入交流信号以后易产生饱和失真。此时 U_0 的负半周被削底；如工作点偏低则易产生截止失真，即 U_0 的正半周被缩顶（一般截止失真不如饱和失真明显）。这些情况都不符合不失真放大器的要求。所以，在焊接完成以后还必须进行静态测试，即在放大器的输入端不加输入电压的情况下，检查输出电压 U_0 是否满足要求。如不满足，则应调整静态工作点的位置。改很多参数都会引起静态工作点的变化，但通常采用调整偏置电阻的方法来改变静态工作点，如减少 R_{P2}，则静态工作点提高等。最后还要说明的是，我们所说的工作点偏高或偏低不是绝对的，应该是相对信号幅度而言，如输入信号幅度很小，即使工作点较高或较低也不一定会失真。所以，确切地说，产生波形失真是信号幅度与静态工作点设置配合不当所致。如需满足较大信号幅度的要求，静态工作点最好尽量靠近交流负载线的中心。

（1）放大器静态工作点的测试

首先，把输入信号电位器 R_{P1} 滑动端调到最小（$U_i=0$ 的情况下进行，即将放大器输入端与地端短接。R_{P2}、R_{P3} 调到中间值，R_{P4} 调到最小值。

然后，接通电源，检测各级放大器电源端电压是否正常，正常值接近＋6 V，观察电源指示的发光二极管是否亮。同时要用手触摸输出级管子，若电流过大造成管子温升显著，应立即断开电源检查原因。如无异常现象，可开始调试。

（2）用万用表 10 V 挡测量三极管 V_3、V_4 中心 C 对地电压 V_C，调节 R_{P3}，使该点电压为 $1/2\ V_{CC}$（即 3 V）。为了调试中点电压方便，可将 V_3、V_4 的基极的 A、B 两点用导线短接，调整完成后再去掉短接线。

（3）断开电源开关 K_1，在开关两端串入万用表（直流 50 mA 挡），调整电阻 R_{P4}，使该功放静态工作电流 I_C 为 8 mA 左右，保证 V_3、V_4 工作在甲类乙类状态，以克服交越失真。静态电流过大，功放管发热损坏；静态电流太小，输出功率不足且有交越失真。注意在调整 R_{P4} 时，要注意旋转方向，不能调得过大，更不能开路。输出管静态电流调好后，如无特殊情况，不要随意调整 R_{P4} 的位置，以免损坏输出管。

（4）用万用表测 R_1 两端电压，同时调整 R_{P2}，使 R_1 两端电压在 2 V 左右。

（5）用手握螺丝刀金属部分去碰触 V_1 基极，扬声器中应听到"嘟嘟"声。最后我们把信号改为 MP3 或手机输出，开机调整音量电位器试听，并体会整个制作过程。

自我检查

1. 元器件的安装正确，各元器件安装整齐，结构紧凑，美观大方。
2. 元器件的型号、规格符合要求。
3. 焊接方法正确，焊点圆滑、饱满。
4. 能够实现将输入的声音信号的放大作用，且输出的音质较好。
5. 能够排除电路的常见故障，能够对功放进行调试。

知识技术归纳

1. 功率放大器检修的常见故障及检修方法

（1）整机不工作

整机不工作的故障表现为通电后放大器无任何显示，各功能键均失效，也无任何声音，像未通电时一样。

检修时，首先应检查电源电路。可用万用表测量电源插头两端的直流电阻值（电源开关应接通），正常时应有数百欧姆的电阻值。若测得阻值偏小许多，且电源变压器严重发热，说明电源变压器的初级回路有局部短路处；若测得阻值为无穷大，应检查保险丝是否熔断、变压器初级绕组是否开路、电源线与插头之间有无断线。有的机器增加了温度保护装置，在电源变压器的初级回路中接入了温度保险丝（通常安装在电源变压器内部，将变压器外部的绝缘纸去掉即可见到），它损坏后也会使电源变压器初级回路开路。

若电源插头两端阻值正常，可通电测量电源电路各输出电压是否正常。对于采用系统控制微处理器或逻辑控制电路的放大器，应着重检查该控制电路的供电电压（通常为＋5 V）是否正常。

（2）无声音输出

无声故障表现为操作各功能键时，有相应的状态显示，但无信号输出。

检修有保护电路的放大器时，应看开机后保护继电器能否吸合。若继电器无动作，应测量功放电路中点输出电压是否偏移、过流检测电压是否正常。若中点输出电压偏移或过流检测电压异常,说明功率放大电路有故障,应检查正、负电源是否正常。若正、负电压不对称,可将正、负电源的负载电路断开,以判断是电源电路本身不正常还是功放电路有故障所致。若正、负电源正常,应检查功放电路中各放大管有无损坏。

若功放电路中点输出电压和过流检测电压均正常,而保护继电器不吸合,则故障在保护电路,应检查继电器驱动集成电路或驱动管有无损坏、各检测电路是否正常。若继电器触点能吸合,但无声音输出,应先检查扬声器是否正常、继电器触点是否接触良好、静噪电路是否动作。

若上述部分均正常,再用信号干扰法检查故障是在功放后级还是前级电路。用万用表的 $R \times 1$ 挡,将红表笔接地,黑表笔快速点触后级放大电路的输入端,若扬声器中有较强的"喀喀"声,说明故障在前级放大电路;若扬声器无反应,则故障在后级放大电路。

对于未采用外设保护电路的集成电路功放电路(通常在集成电路内部有热保护),可先测量其供电电压正常与否。若供电电压正常,再用信号干扰法检查:在功放集成电路的信号输入端加入直流断续信号,若扬声器有较强的"喀喀"声,说明功放集成电路正常,故障在前级放大电路;若无"喀喀"声,而且检查有关外围元件也正常,则故障在功放集成电路本身。

电子管功放无声音输出,也应先检查其电源,观看灯丝是否亮,管壳温度是否正常。若灯丝不亮,管壳很凉,应检查功放管灯丝及屏极电压正常与否。若电压不正常,再进一步检查电源电路,必要时应断开电源负载电路,以确定是电源电路故障还是负载有短路。若各电压正常,可在音量电位器的中心头加入直流断续干扰信号,若有较强反应,说明后级放大电路正常,故障在前级放大电路;反之,故障在后级放大电路。可分别在推动管的栅极和输入放大管的栅极加入干扰信号,在哪一级加干扰信号无反应,说明该级后面的电路工作不正常。对可疑元件(如电子管)可用代换法检修。

具有杜比环绕声解码功能的 AV 放大器,若在杜比环绕声状态时各声道均无声而直通状态下主声道声音正常,在电源电路正常的情况下,通常是杜比环绕声解码电路或系统控制电路工作不正常。若在环绕声和直通模式下各声道均无声,应检查系统控制电路、信号选择电路和总音量控制电路。

(3) 音轻

所谓音轻故障,是指音频信号在放大传输过程中,因某个放大级放大量变化或在某个环节被衰减,使放大器的增益下降或输出功率变小。

检修时,首先应检查信号源和音箱是否正常,可用替换的办法来检查。然后检查各类转换开关和控制电位器,看音量能否变大。

若以上各部分均正常,应判断出故障是在前级还是在后级电路。对于某一个声道音轻,可将其前级电路输出的信号交换输入到另一声道的后级电路,若音箱的声音大小不变,则故障在后级电路;反之,故障在前级电路。

后级放大电路造成的音轻,主要有输出功率不足和增益不够两种原因。可用适当加大输入信号(例如将收录机输出给扬声器的信号直接加至后级功放电路的输入端,改变收录机的音量,观察功放输出的变化)的方法来判断是哪种原因引起的。若加大输入信号后,输出的声音足够大,说明功放输出功率足够,只是增益降低,应着重检查继电器触点有无接触电阻增大、输入耦合电容容量减小、隔离电阻阻值增大、负反馈电容容量变小或开路、负反馈电阻阻值增大或开路等现象。若加大输入信号后,输出的声音出现失真,音量并无显著增大,说明后级放大器的输出功率不足,应先检查放大器的正、负供电电压是否偏低(若只是一个声道音轻,可不必检查电源供电)、功率管或集成电路的性能是否变差、发射极电阻阻值有无变大等。

前级电路中转换开关、电位器所造成的音轻,采用直观检查较易发现,可对其进行清洗或更换。如怀疑某信号耦合电容失效,可用同值电容并联试之;放大管或运放集成电路性能不良,也可用代换法检查。另外,负反馈元件有问题,也会造成电路增益下降。

(4) 噪声大

放大器的噪声有交流声、爆裂声、感应噪声和白噪声等。

检修时,应先判断噪声来自于前级还是来自于后级电路。可把前、后级的信号连接插头取下,若噪声明显变小,说明故障在前级电路;反之,故障在后级电路。

交流声是指听感低沉、单调而稳定的 100 Hz 交流噪声,主要是电源部分滤波不良所致,应着重检查电源整流、滤波和稳压元件有无损坏。前、后级放大电路电源端的退耦电容虚焊或失效,也会产生一种类似交流声的低频振荡噪声。

感应噪声是成分较复杂且刺耳的交流声,主要是前级电路中的转换开关、电位器接地不良或信号连线屏蔽不良所致。

爆裂声是指间断的"噼啪"、"咔咔"声,在前级电路中,应检查信号输入插头与插座、转换开关、电位器等是否接触不良,耦合电容有无虚焊、漏电等。后级放大电路应检查继电器触点是否氧化、输入耦合电容有无漏电或接触不良。另外,后级电路中的差分输入管或恒流管若击穿,也会产生类似电火花的"咔咔"噪声。

白噪声是指无规则的连续"沙沙"声,通常是由前、后级放大电路中的输入级晶体管、场效应管或运放集成电路的性能不良产生的本底噪声,检修时,可用同规格的元件代换试之。

(5) 失真

失真故障是某放大级工作点偏移或功放推挽输出级工作不对称所致。检修时,可根据放大器输出功率与失真的变化情况,来判断具体的故障部位。

电子管放大器若失真的同时输出功率变小(音轻),应检查是否推挽功放中某一放大管衰老、工作点不对或输出变压器局部短路造成其工作不平衡;若失真的同时输出功率变大,多是负反馈电路中的电阻变值、电容失效或阴极自生偏压的旁路电容短路所致。

晶体管放大器若失真随着音量的增大而明显增大,应检查推动级某只晶体管的工作点是否偏移(通常发生在无保护电路的功放中)或反馈电路中的电容失真;若无论音量大小均有失真,则故障在前级放大电路,应检查各放大管的工作点有无偏移。

集成电路放大器的工作电压异常或功放集成电路内部损坏,也会造成失真(指无保护电路的机器)。

(6)啸叫

啸叫故障是电路中存在自激所致,又分为低频啸叫和高频啸叫。

低频啸叫是指频率较低的"噗噗"或"嘟嘟"声,通常是由于电源滤波或退耦不良所致(在啸叫的同时往往还伴有交流声),应检查电源滤波电容、稳压器和退耦电容是否开路或失效,使电源内阻增大。功放集成电路性能不良,也会出现低频啸叫故障,此时集成电路的工作温度会很高。

高频啸叫的频率较高,通常是放大电路中高频消振电容失效或前级运放集成电路性能变差所致。可在后级放大电路的消振电容或退耦电容两端并接小电容来检查。另外,负反馈元件损坏、变值或脱焊时,也会引起高频正反馈而出现高频啸叫。

2. ADS-228OTL 有源音箱故障排除

(1)调整 R_{P3} 时,如果中点电压不变,则可能是 V_2 损坏或 C_3、C_6 短路等造成的。

(2)产生低频自激振荡,扬声器发出"扑扑"或"嘟嘟"声,可能是电压内阻过大、电源滤波电容失效或开路引起的。

(3)产生高频自激振荡,会使扬声器听不清声音,但推挽管的工作电流很大。消除高频自激,可以在 V_2 的集电极和基极之间并联一只 50～300 PPF 的电容器。

(4)无信号输入时,常听到轻微的"沙沙"声,这主要是频率较高的晶体管噪声和频率很低的电源声造成的。如果产生的"沙沙"声较大,可以在 V_2 的集电极和基极之间串联一只 50～300 PPF 的负反馈电容,此外,应改善电源的滤波和稳压。

(5)如果管子的温升显著,应立即断开电源检查原因,如电路自激,或管子性能不好等。

工程创新

功率放大器在我们的生活中应用得非常广泛,通过我们这个项目的学习,你是否可以单独完成它的整个制作,能否进行简单的故障处理,你是否可以设计出更新颖、更轻巧的新型功率放大器,快试试吧!

项目四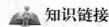
直流稳压电源的制作与调试

任务一　认识直流稳压电源

工作思考

1. 我们的生活中在哪里能用到直流稳压电源？直流稳压电源有哪些类型？
2. 直流稳压电源都有哪几部分组成？
3. 直流稳压电源的各部分作用是什么？

知识链接

1.1　直流稳压电源的组成

直流电源是指电压或电流的大小和方向不随时间改变的电源。

直流稳压电源就是将交流电转换为直流电的装置，通过直流稳压电源可以得到相对稳定的直流电。

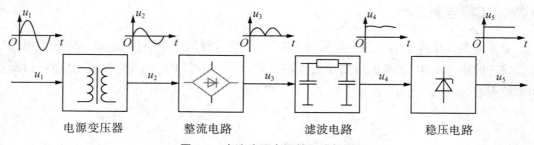

图 4-1　直流稳压电源的组成框图

变压器：将正弦工频交流电源电压变换为符合用电设备所需要的正弦工频交流电压。

整流电路：利用具有单向导电性能的整流元件，将正负交替变化的正弦交流电压变换成单方向的脉动直流电压。

滤波电路：尽可能地将单向脉动直流电压中的脉动部分（交流分量）减小，使输出电压成为比较平滑的直流电压。

　　稳压电路:采用某些措施,使输出的直流电压在电源发生波动或负载变化时保持稳定。

1.2　直流稳压电源的分类

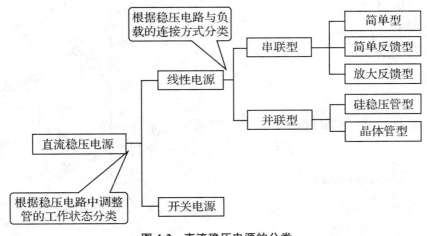

图 4-2　直流稳压电源的分类

任务二　认识整流电路

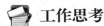工作思考

　　1. 整流电路有哪几种?

　　2. 整流电路各部分的工作原理是什么?

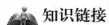知识链接

2.1　单相半波整流电路

　　单相半波整流电路示意图如图 4-3 所示,该电路由电源变压器 T、整流二极管 VD 及负载电阻 R_L 组成。

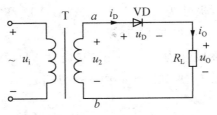

图 4-3　单相半波整流电路

1. 整流原理

u_2 的正半周示意图如图 4-4 所示，二极管因承受正向电压而导通，忽略二极管正向压降，$u_o = u_2$。

在 u_2 的负半周示意图如图 4-4 所示，二极管因承受反向电压而截止，$u_o = 0$。

设 $u_2 = \sqrt{2} U_2 \sin \omega t$

2. 负载电压及电流

直流脉动电压：整流电压方向不变，但大小变化。

平均电压 U_o：一个周期的平均值 U_o 表示直流电压的大小。

$$U_o = \frac{1}{2\pi} \int_0^\pi \sqrt{2} U_2 \sin \omega t \, \mathrm{d}(\omega t) = \frac{\sqrt{2}}{\pi} U_2 = 0.45 U_2$$

电阻性负载的平均电流为 I_o，即

$$I_o = \frac{U_o}{R_L} = 0.45 \frac{U_2}{R_L}$$

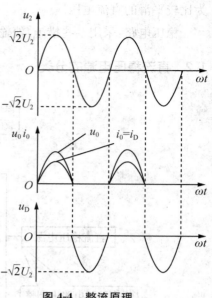

图 4-4 整流原理

2.2 单相桥式整流电路

单相桥式整流电路如图 4-5 所示，是由四个二极管接成电桥的形式构成。

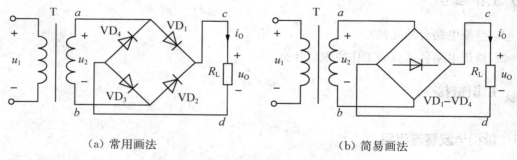

（a）常用画法　　　　　　　　（b）简易画法

图 4-5 单相桥式整流电路

1. 整流原理

u_2 的正半周，u_2 的实际极性为 a 正 b 负，二极管 VD_1 和 VD_3 导通，VD_2、VD_4 截止，$u_o = u_2$，原理如图 4-6 所示。波形如图 4-8 所示的 $0 \sim \pi$ 段。

u_2 的负半周，u_2 的实际极性为 a 负 b 正，二极管 VD_2、VD_4 导通，VD_1、VD_3 截止，$u_o = -u_2$，原理如图 4-7 所示。波形如图 4-8 中的 $\pi \sim 2\pi$ 段。

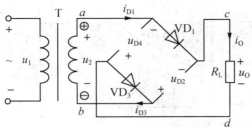

图 4-6 单相桥式整流原理（正半周）

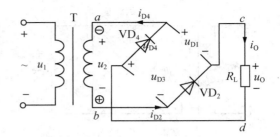

图 4-7 单相桥式整流原理（负半周）

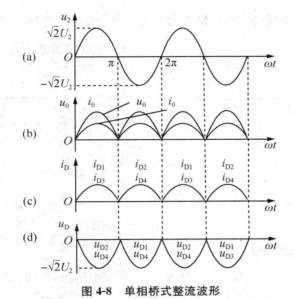

图 4-8 单相桥式整流波形

任务三 认识滤波电路

工作思考

1. 你认识滤波电路吗？它们都由什么组成？

2. 它们的工作原理都是什么？

知识链接

3.1 电容滤波器

图 4-9 滤波电路的图（a）和图（b）中与负载并联的电容就是一个最简单的滤波器。

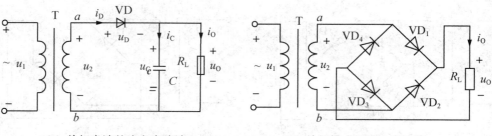

（a）单相半波整流电容滤波　　　　　　（b）单相桥式整流电容滤波

图 4-9　滤波电路

1. 电容滤波原理

如图 4-10 所示的虚线和实线分别表示整流电路不接滤波电容和接滤波电容的波形。

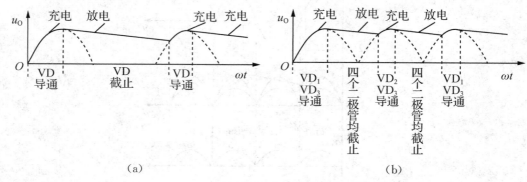

（a）　　　　　　　　　　　　　　（b）

图 4-10　电容滤波输出波形

（1）半波整流电容滤波原理

当 u_2 由零逐渐增大时，二极管 VD 导通，一方面供电给负载，同时对电容 C 充电，电容电压 u_C 的极性为上正下负，如果忽略二极管的压降，则在 VD 导通时，$u_C(= u_O)$ 与 u_2 同步上升，并达到 u_2 的最大值。

u_2 到最大值后开始下降，当 $u_2 < u_C$ 时，VD 反向截止，电源不再向负载供电，而是电容对负载放电。电容放电使 u_C 以一定的时间常数按指数规律下降，直到下一个正半波 $u_2 > u_C$ 时，VD 又导通，电容再次被充电。充电放电的过程周而复始，使得输出电压波形如图 4-10(a) 的实线所示。

（2）桥式整流电容滤波的原理

桥式整流电容滤波的原理与上述相同，只不过在一个周期内电容充电、放电两次。由于电容向负载放电的时间缩短了，因此输出电压波形比半波整流电容滤波更加平滑，波形如图 4-10(b) 所示。

2. 电容滤波电路的特点

（1）输出电压平均值 U_O 与时间常数 $R_L C$ 有关

$R_L C$ 愈大 → 电容器放电愈慢 → U_O（平均值）愈大

一般取 $\tau=R_LC\geqslant(5\sim10)T$ 　　　　(T 为电源电压的周期)

近似估算:$U_o=1.2U_2$ 　　　　　　$I_o=U_o/R_L$

(2) 流过二极管瞬时电流很大

R_LC 越大 $\rightarrow U_o$ 越高$\rightarrow$负载电流的平均值越大

整流管导电时间越短$\rightarrow i_D$ 的峰值电流越大

(3) 二极管承受的最高反向电压

$$U_{RN}=\sqrt{2}U_2$$

3.2 电感滤波

由于电容滤波带负载能力较差。对于负载电流较大且负载经常变化的场合,采用电感滤波,在负载前串联电感线圈,如图 4-11(a)所示。

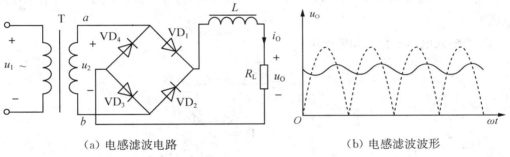

（a）电感滤波电路　　　　　　　（b）电感滤波波形

图 4-11　　电感滤波

滤波原理:当负载电流增加时,电感将产生与电流方向相反的自感电动势,阻止电流的增加。当负载电流减小时,电感产生与电流方向相同的自感电动势,阻止电流减小。负载电流的脉动成分减小,在负载电阻 R_L 上就能获得一个比较平滑的直流输出电压 u_o,波形如图 4-11(b)实线所示。显然,电感 L 值越大,滤波效果越好。

对直流分量:$X_L=0$ 相当于短路,电压大部分降在 R_L 上

对谐波分量:f 越高,X_L 越大,电压大部分降在 X_L 上。

因此,在输出端得到比较平滑的直流电压。

当忽略电感线圈的直流电阻时,输出平均电压约为:$U_0=0.9U_2$。

任务四　　认识稳压电路

 工作思考

1. 你知道用稳压二极管构成的稳压电路是如何实现稳压的吗?

2. 你知道串联型稳压电源是如何实现稳压的吗?

知识链接

4.1　稳压电源类型

常用的小功率稳压电路一般有三种：稳压二极管稳压电源、线性稳压电路和开关型稳压电路。

稳压二极管稳压电源：电路最简单，但是带负载能力差，一般只提供基准电压，不作为电源使用。

线性稳压电路：以下主要讨论线性稳压电路。

开关型稳压电路：效率较高，目前用的也比较多，但因学时有限，这里不做介绍。

1．硅稳压二极管稳压电路

利用稳压二极管的反向击穿特性。由于反向特性陡直，较大的电流变化，只会引起较小的电压变化。

（1）当输入电压变化时如何稳压

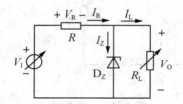

图 4-12　硅稳压二极管稳压电路

根据电路图 4-12 可知

$$V_O = V_Z = V_I - V_R = V_I - I_R R$$

$$I_R = I_L + I_Z$$

输入电压 V_I 的增加，必然引起 V_O 的增加，即 V_Z 增加，从而使 I_Z 增加，I_R 增加，使 V_R 增加，从而使输出电压 V_O 减小。这一稳压过程可概括如下：

$$V_I \uparrow \rightarrow V_O \uparrow \rightarrow V_Z \uparrow \rightarrow I_Z \uparrow \rightarrow I_R \uparrow \rightarrow V_R \uparrow \rightarrow V_O \downarrow$$

这里 V_O 减小应理解为，由于输入电压 V_I 的增加，在稳压二极管的调节下，使 V_O 的增加没有那么大而已。V_O 还是要增加一点的，这是一个有差调节系统。

（2）稳压电阻

稳压二极管稳压电路的稳压性能与稳压二极管击穿特性的动态电阻有关，与稳压电阻 R 的阻值大小有关。

稳压二极管的动态电阻越小，稳压电阻 R 越大，稳压性能越好。

稳压电阻的作用是将稳压二极管电流的变化转换为电压的变化，从而起到调节作用，同时 R 也是限流电阻。

显然 R 的数值越大,较小 I_Z 的变化就可引起足够大的 V_R 变化,就可达到足够的稳压效果。

但 R 的数值越大,就需要较大的输入电压 V_I 值,损耗就要加大。

2. 串联型稳压电源

(1)串联型稳压电源的构成

如图 4-13 所示的串联型稳压电源中, $V_O = V_I - V_R$,当 $V_I\uparrow \rightarrow R\uparrow \rightarrow V_R\uparrow \rightarrow$ 在一定程度上抵消了 V_I 增加对输出电压的影响。

若负载电流 $I_L\uparrow \rightarrow R\downarrow \rightarrow V_R\downarrow \rightarrow$ 在一定程度上抵消了因 I_L 增加,使 V_I 减小,对输出电压减小的影响。

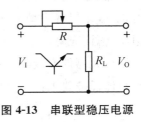

图 4-13　串联型稳压电源

在实际电路中,可变电阻 R 是用一个三极管来替代的,控制基极电位,从而就控制了三极管的管压降 V_{CE}, V_{CE} 相当于 V_R。

串联型稳压电路方框图如图 4-14 所示,主要包括调整管、放大环节、比较环节、基准电压源等。

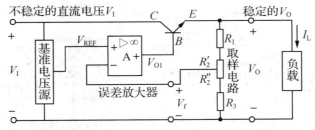

图 4-14　串联型稳压电路方框图

(2)工作原理

①输入电压变化时

$V_I\uparrow \rightarrow V_O\uparrow \rightarrow V_f\uparrow \rightarrow V_{O1}\downarrow \rightarrow V_{CE}\uparrow \rightarrow V_O\downarrow$

②负载电流变化时

$I_L\uparrow \rightarrow V_I\downarrow \rightarrow V_O\downarrow \rightarrow V_f\downarrow \rightarrow V_{O1}\uparrow \rightarrow V_{CE}\downarrow \rightarrow V_O\uparrow$

(3)串联型反馈式稳压电源的缺点

①调整管总工作在线性放大状态,管压降大,流过的电流也大(大于负载电流),所以功耗很大,效率较低(一般为 $40\% \sim 60\%$),且需要庞大的散热装置。

②电源变压器的工作频率为 50 Hz,频率低而使得变压器体积大、重量重。

任务五　直流稳压电源的制作与调试

任务描述

直流稳压电源由稳压和充电两部分组成,稳压电源输出 3 V、6 V 直流稳压电压,可以为收音机、收录机等小型电器提供直流电的直流稳压电源,并且可以对 5 号、7 号可充电电池进行恒压、恒流充电。学生可根据电路原理图和印刷线路板图进行安装,在制作的过程中,应尽量保证元器件安装高度适当,布局合理,无虚焊和漏焊,整机安装完好,能够正常工作。

具体任务要求:学生可根据图 4-15 所示电路原理图进行直流稳压电源的安装。

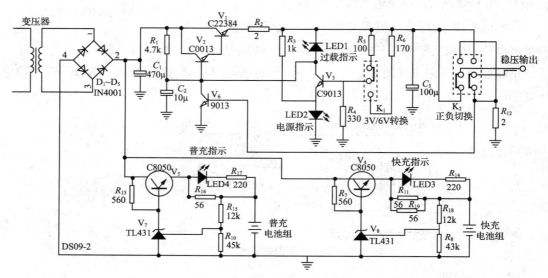

图 4-15　直流稳压电源原理图

能力目标

1. 学生必须具备识读电路原理图的能力。
2. 具备识别与使用各种电子元器件的能力,能够判别元器件的好坏。
3. 学会使用万用表、示波器。
4. 熟练掌握电子元器件的装接工艺及焊接工艺。
5. 能够分析整流电路、滤波电路、稳压电路的特点。

工作思考

1. 你能根据教师所给的参考电路原理图进行稳压电源的安装与调试吗?
2. 如果出现故障你能排除吗?

知识链接

5.1　直流稳压电源原理图及印刷线路板

（1）原理图

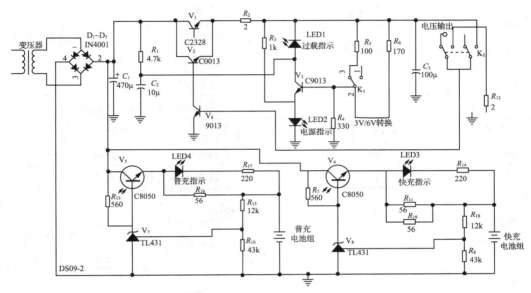

图 4-16　直流稳压电源原理图

（2）印刷线路板

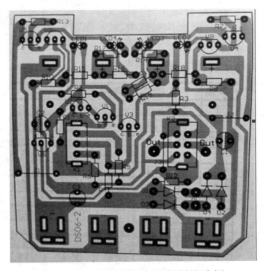

图 4-17　直流稳压电源印刷线路板

5.2 直流稳压电源的制作与调试

1. 元件清单及主要元件的作用

表 4-1　直流稳压电源元件清单及主要元件的作用

元件	型号或数值	数量	作用
稳压器	TL431	2	V_7、V_8
变压器 T	220V/9 V　5 W	1	电源变压器,将输入 220 V,50 Hz 交流电压降压
直角开关	1×2　2×2	2	电源开关
二极管 $D_1 \sim D_4$	1N4001	4	桥式整流,将交流信号变成脉动直流
三极管 V_1	C2328A	1	调整管,减少放大管负担
三极管 V_2	C9013	1	调整管,减少放大管负担
三极管 V_4　V_5	C8050	2	调整管,保证输出电压基本稳定
三极管 V_6	C9013	1	放大管
三极管 V_3	C9013	1	过载保护
发光二极管 LED		4	作电源指示、过载指示
电容 C_1	470 μF	1	滤波电容,滤除交流成分,使脉动直流更加平滑
电容 C_2	2.2 μF	1	
电容 C_3	100 μF	1	输出电容,滤波、防止当输出电压突变时造成对负载冲击(消振)
电阻 R_2 R_{12}	2. Ω　1/4 W	2	
电阻 R_{11} R_{16} R_{19}	56 Ω　1/4 W	3	
电位器 R_5	100 Ω　1/4 W	1	
电阻 R_{14} R_{17}	220 Ω　1/4 W	2	
电阻 R_4	330 Ω　1/4 W	1	
电阻 R_6	470 Ω　1/4 W	1	
电阻 R_7 R_{13}	560 Ω　1/4 W	2	
电阻 R_3	1 kΩ　1/4 W	1	
电阻 R_1	4.7 kΩ　1/4 W	1	
电阻 R_{15} R_{18}	12 kΩ　1/4 W	2	
电阻 R_8 R_{10}	43 kΩ　1/4 W	2	

元件	型号或数值	数量	作用
正极片		4	
负极片		8	
线路板		1	
十字插头输出线	0.8 米	1	
发光二极管 LED2	绿色	1	
发光二极管 LED1 LED3 LED4	红色	3	

2. 工作原理

由图 4-16 可见,变压器 T 及二极管 $V_1 \sim V_4$、电容 C_1 构成典型全波整流电容滤波电路,后面电路若去掉 R_1 及 LED1,其中 LED2 兼做电源指示及稳压管作用,当流经该发光二极管的电源变化不大时其正向压降较为稳定(约为 1.9 V 左右,但也会因发光管规格的不同而有所不同,对同一种 LED 则变化不大),因此,可作为低电压稳压管来使用。R_2 及 LED1 组成简单过载及短路保护电路,LED1 兼作过载指示,输出过载(输出电源增大)时 R_2 上压降增大,当增大到一定数值后 LED1 导通,使调整管 V_4、V_5 的基极电流不再增大,限制了输出电流的增加,起到限流保护作用。

K_1 为输出电压选择开关,K_2 为输出电压极性变换开关。

V_7、V_8 及其相应元器件组成三路完全相同的恒流源电路。

3. 焊接与安装

(1) 清查元器件的数量与质量,对不合格的元器件应及时更换;

(2) 确定元器件的安装方式、安装高度,一般由该元器件在电路中的作用、印制板及外壳间的距离以及该元器两安装孔之见的距离所决定;

(3) 对元器件的引脚进行弯曲成形处理,成形时不得从引脚根部弯曲;

(4) 插装:根据元件位号对号插装,不可插错,对有极性的元器件的脚,插孔时应特别小心;

(5) 焊接:各焊点加热时间及用锡量要适当,对耐热性差的元器件应使用工具辅助散热,防止虚焊、错焊,避免因拖锡而造成短路;

(6) 焊后处理:剪去多余引脚线,检查所有焊点,对缺陷进行修补。

4. 测试与调整

总装完毕后,按原理图、印制板装配图及工艺要求检查整机安装情况,着重检查变压器连线及印制板上相邻导线或焊点有无短路及缺陷,一切正常时用万用表欧姆挡测得电源十字插头两极间的电阻大于 500 Ω 以上即可通电测试。

(1) 测试

a. 接通电源:绿色通电指示灯 LED2 亮。

b. 空载电压:空载时测量通过十字插头输出的直流电压,其值应略高于额定电压值。

c. 输出极性:拨动 K_2 开关,输出极性应相应变化。

d. 负载能力:当负载电流在额定值 150 mA 时,输出电压的误差应小于±10%。

e. 过载变化:当负载电流增大到一定时 LED1 指示灯逐渐变亮,LED2 指示灯逐渐变暗,同时输出电压下降。当电流增大到 500 mA 左右时,保护电路起作用,LED1 亮,LED2 灭。若负载电流减少则电路恢复正常。

f. 充电电流:充电通道内不装电池,置万用表于直流电流挡,当正负表笔分别触及所测通道的正负极时(注意 2 节电池为一组)。被测通道充电指示灯亮,所显示的电流值即为最大充电电流值(短路电流值)。普通通道短路电流值为 110 mA±10%;快充通道短路电流值为 200 mA±10%(超出误差请检查有无插错及元件质量),实际使用时的充电电流值与电池电量有关。

g. 充电电压:表笔直接测各通道的正负极电压即为充电电压(不装充电电池时)两通道都为 3.1 V±5%,若超出误差范围,请检查有无插错及元件质量。

(2) 调整

a. 若稳压电源的负载在 150 mA 时,输出电压误差大于规定值得±10%时,3 伏挡更换 R_5,6 伏挡更换 R_6,阻值增大电压升高,阻值减少电压降低(一般按所配元件插装无误都不会有问题)。

b. 更换 R_{12} 阻值可适当调整负载电流值,减少阻值即可增大负载电流,但不得小于 1.5 Ω,否则调整管 V_1 容易烧坏。

c. 若要改变充电电流值,可更换 R_{16}、R_{11}、R_{19},阻值增大,充电电流减少,阻值减少,充电电流增大。

自我检查

1. 元器件的安装正确,各元器件安装整齐,结构紧凑,美观大方。

2. 元器件的型号、规格符合要求。

3. 焊接方法正确,焊点圆滑、饱满。

4. 能够输出 3 V、6 V 直流电及对 5 号、7 号电池的充电。

5. 能够排除电路的常见故障,并且对直流稳压电源进行调试。

知识技术归纳

直流稳压电源检修的常见故障及检修方法:

1. 故障一:无输出电压,即输出电压为零

电路输出电压为零,实际就是电路无输出。我们可以从电路输入端分析到输出端不难看出,如果电路存在以下几种情况中任意一种情况,电路均会无输出电压。

（1）熔断器熔断或开路。

（2）变压器 T 的次级开路。

（3）桥式整流电路开路。

（4）电容 C_1 短路。

（5）R_1 开路。

（6）电容 C_2 短路。

（7）V_1 发射结开路。

（8）V_2 发射结开路。

如何判断到底是由哪一种原因造成的呢？可以按下列步骤来检测：

第一步：测量 V_1 集电极对地电压。从电路可知，V_1 集电极对地正常电压应等于整流、滤波部分的输出电压（即 C_1 两端电压）。若测得 V_1 集电极对地电压为零，即整流、滤波后无电流输出，就说明可是熔断器熔断或开路，或变压器 T 次级线圈开路，或整流电路引线开路。这几种情况中任意一种存在，都会使整流、滤波部分无电流流向稳压部分。电路就无输出电压。

若测得 V_1 集电极对地电压正常，则进行第二步。

第二步：测 V_2 基极对地电压。

从电路可知：V_2 基极对地电压正常情况下应比电路的输出电压 4 V（以电路输出电压 $V_0 = 4$ V 为例来分析）高出 1.4 V 左右，（V_1、V_2 两管的发射结导通电压各取 0.7 V 共 1.4 V）。若测得 V_2 基极对地电压为零，则说明可能电容 C_2 短路或电阻 R_1 开路。C_2 短路使 V_2 基极与地直接相连，V_2 基极对地电压为零，复合调整管就处于截止状态，电路就无输出，即输出电压就为零；电阻 R_1 开路，V_2 基极电流为零，其基极对地电压也为零，复合调整管也就处于截止状态，电路就无输出，即输出电压就为零。若测得 V_2 基极对地电压正常，则说明可是 V_1、V_2 发射结开路。V_1、V_2 任意一个或两个的发射结开路时，复合调整管都无输出，电路输出也就为零。

2. 故障二：电路输出电压高于正常电压且不可调（高于 4 V）

此故障可由以下几种原因引起：

（1）VD_5、VD_6 开路或反接。

（2）V_3 的 $B-E$ 结击穿。

（3）V_3 的 $B-E$ 结开路。

检测步骤：

第一步：测 V_1 的集电极对地电压。

V_1 集电极对地电压正常应高于 7 V。一般情况下，此时测得的 V_1 集电极对地电压都是正常的。

第二步：测 VD_5 对地电压。VD_5 对地电压正常为 1.0 V～1.4 V 若测得 VD_5 对地电压高于 1.4 V,说明是 VD_5、VD_6 有开路或接反。这样,就会使 V_3 的发射极对地电压升高,V_3 的 $B-E$ 间电压 V_{BE} 降低,其基极电流减小,集电极电流也减小,使流过 V_2 的基极电流增大,其集电极电流也增大,复合调整管管压降就降低,从而就使输出电压更高。若测得 VD_5 对地电压正常,则进行第三步。

第三步:测 V_3 基极对地电压。

V_3 基极对地正常电压应为 VD_5 正常对地电压与 V_3 的 $B-E$ 结的结间电压(1.4 V+0.7 V=2.1 V)。若测得 V_3 基极对地电压大于 2.1 V,则说明是 V_3 的 $B-E$ 结开路。若测得 V_3 基极对地电压为 1.4 V,则说是 V_3 的 $B-E$ 结击穿。

3. 故障三:电路输出电压低于正常电压且不可调(高于 0 V 低于 4 V)。

此故障可由以下几种原因引起:

(1)变压器、整流、滤波部分电路故障。

(2)R_1 阻值过大或电容 C_2 漏电。

(3)VD_5、VD_6 有短路或击穿。

(4)V_3 的 $C-E$ 结漏电或击穿。

(5)电位器调节不当。

检测步骤:

第一步:测量 V_1 集电极对地电压。

V_1 集电极对地电压正常应高于 7 V。若测得的 V_1 集电极对地电压低于 7 V,就说明可能是变压器或整流、滤波部分电路故障,使该部分输出电压低,电路输出电压自然就低。电路输出电压自然就低。若测得 V_1 集电极对地电压正常,则进行第二步。

第二步:测 V_2 基极对地电压

V_2 基极对地电压正常情况下应比电路的输出电压 4 V 高出 1.4 V 左右(VT_1、VT_2 两管的发射结导通电压各取 0.7 V 共 1.4 V)。若测得 V_2 基极对地电压低于正常电压,则进行第三步。

第三步:断开 V_3 的集电极重测 V_2

基极对地电压若此时测得的 V_2 基极对地电压还是低于正常电压,则说明是 R_1 电阻值过大或是电容 C_2 漏电。由电路可知,R_1 电阻值过大,在电路输入总电压不变的情况下,R_1 两端电压降升高,V_2 基极对地电压就降低,其基极电流降低,复合管集电极电流降低,复合调整管管压降就会升高,这样,会使整个电路输出电压更低;电容 C_2 漏电,就会使 V_2 基极对地电压降低,同样其基极电流降低,复合调整管集电极电流降低,复合调整管管压降就会升高,从而使整个电路输出电压更低。若此时测得的 V_2 基极对地电压升高,则说明是 VD_5、VD_6 有短路或击穿,或是 V_3 的 $C-E$ 结漏电或击穿,或是电位器调节不当。VD_5、VD_6 有短路或击穿,VD_5 对地电压必然小于其正常电压 1.0 V~1.4 V(可直接测 VD_5 对地电压),此时,就会使 V_3 的发射极对地电压降低,V_3 的 $B-E$ 间电压 V_{BE} 升高,其基极电流增大,集电极电流也增大,使流过 V_2 的基极电流减小,其集电极电流也减小,复合调整管管压降就升高,从而就使输出电压更低。当将电位器往上调时,使 V_3 基极对地电压升高,其基极电流增大,集电极电流也增大,V_2 基极电流就减小,其集电极电流也减小,复合管管压降就升高,从而就使输出电压更低。

工程创新

直流稳压电源在我们的生活中应用得非常广泛,通过我们两个电子产品制作项目的学习,你是否可以单独完成它的整个制作,能否设计出不同工作原理的直流稳压电源,快来试试吧!

项目五
八路抢答器的安装与调试

任务一 数字电路基础知识

 工作思考

1. 你熟悉数字信号吗？它有什么特点？
2. 在数字电路中常用的进位计数制都有什么？
3. 基本逻辑运算都有什么，你会吗？
4. 分立元件的门电路是如何实现的？

 知识链接

1.1 模拟信号与数字信号

在近代电子工程中，按照所处理的信号形式，通常将电路分成两大类：模拟电路和数字电路。模拟电路处理的是模拟信号，数字电路处理的是数字信号。在电子应用中，可测量的信号分为模拟信号和数字信号。

1. 模拟信号

模拟信号是指时间上和幅度上均为连续取值的物理量。在自然环境下，大多数物理信号都是模拟量。温度是一个模拟量，因为它的取值是连续的，在一天中的某个时间段内，温度的变化不是从一个值跳变到另一个值，而是在值域范围内连续变化。例如，温度不会在一瞬间从 30℃ 跳变 31℃，而是经历了 30℃ 到 31℃ 之间的所有值。图 5-1 是气象台记录某一天的温度在不同时间的变化情况，这是一条光滑、连续的曲线。其中，纵轴为温度值，横轴为一天的时间值。

模拟信号的另一个实例是速度，开车在公路上行驶时，计数器上显示车速，单位是千米每小时（km/h）。如果从 50 km/h 加速到 60 km/h，车速不会从 50 km/h 马上跳变到 60 km/h，而是经历了两者之间所有的速度值，最终到达 60 km/h。加速度越大，车速变化所需的时间就越短，但是仍然不可能瞬间完成加速的全过程。也就是说，速度总是连续变化的,因此是模拟量。其他模拟量的实例还有声波、压力、距离、时间等。几乎所有的自然现象都是模拟量。

2. 数字信号

数字信号是指时间上和幅度上均为离散取值的物理量。尽管自然界中大多数物理量是模拟的,但仍可以用数字形式来表示。例如在图 5-1 中,不考虑温度变化的连续变化,只考虑时间轴上整点的温度值,这实际上是对温度曲线的特定点处进行采样,如图 5-2 所示。但应注意的是,它还不是数字信号,只有将各采样值用数字代码表示后才为数字信号。

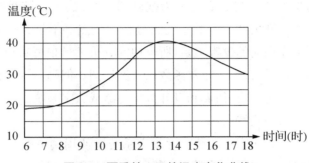

图 5-1　夏季某一天的温度变化曲线

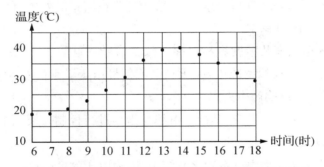

图 5-2　对图 5-1 中模拟量的采样(采样间隔为 1 小时)

数字信号可能是二值、三值或多值信号。但目前数字电路中只涉及到二值信号,即用 0、1 表示的数字信号,如图 5-3 所示。这里的 0 和 1 没有大小之分,只是表示逻辑关系,即逻辑 0 和逻辑 1,因而称之为二值数字逻辑或简称数字逻辑。图示的波形为数字波形,是逻辑电平随时间变化的曲线。当电压值在高电平和低电平之间变化时,就产生了数字波形,数字波形由脉冲序列组成,如图 5-3 所示。

0 1 0 1 0 1 0 1 1 1 0 1 0 1 0 1 1 1 0 1 0

图 5-3　用逻辑 1 和 0 表示的数字信号波形

1.2　数字电路

1. 数字电路的特点

数字电子技术是一门快速发展的技术学科,数字电路的进步产生了计算机技术,计算机已经成为数字系统中最常见的、最有代表性的一种设备。大多数民用新产品、工业设备及控制、办公、医疗、军事以及通讯设备等都用到了数字电路,其广泛应用的主要原因是廉价集成电路的发展,以及显示、存储和计算机技术的应用。

数字电路的结构是以二进制数字逻辑为基础的,其中的工作信号是离散的数字信号。电路中的电子器件工作于开关状态。数字电路分析的重点已不是其输入、输出间波形的数值关系,而是输入、输出序列间的逻辑关系,所采用的分析工具是逻辑代数,表达电路的功能主要是功能表、真值表、逻辑表达式、布尔函数以及波形图。但随着计算机技术的发展,现在则普遍采用硬件描述语言来分析、仿真和设计数字电路或数字系统。

数字电路主要有以下一些特点:

(1) 数字系统一般容易设计。这是因为数字系统所使用的电路是开关电路,开关电路中电压或电流的精确值并不重要。重要的是其所处的范围(高或低)。

(2) 信息的处理、存储和传输能力更强。数字电路在信息的处理、存储和传输方面都比模拟电路更有效、更可靠、更多。

(3) 数字系统的精确度及精度容易保存一致。信号一旦数字化,在处理过程中所包含的信息不会降低精度。在模拟系统中,电压和电流信号由于受到信号处理电路中元器件参数的改变及温度、湿度的影响产生失真。

(4) 很容易设计一个数字系统,其操作由编程指令进行控制。模拟系统也可被编程,但其操作实现变得很复杂。

(5) 数字电路抗干扰能力强。在数字系统中,因为电压的准确值并不重要,只要噪声信号不至于影响区别高低电平,则电压寄生波动(噪声)的影响就可忽略不计。

(6) 多数数字电路能制造在 IC 芯片上。事实上,模拟电路也受益于快速发展的 IC 工艺,但是模拟电路相对复杂一些,所用器件无法经济地集成在一起(如大容量电容、精密电阻、电感、变压器等),它阻碍了模拟系统无法达到与数字电路同样的集成度。

当涉及到模拟输入、输出时,如果利用数字电路来实现,必须采取下述三个步骤:

①把实际中的模拟输入转换为数字形式;

②数字信息处理;

③把数字输出变换为模拟输出。

2. 数字电路的分类

(1) 按集成度分类:数字电路可分为小规模(SSI,每片数十个器件)、中规模(MSI,每片数百个器件)、大规模(LSI,每片数千个器件)和超大规模(VLSI,每片器件数目大于 1 万)数字集成电路。集成电路从应用的角度又可分为通用型和专用型两大类型。

（2）按所用器件制作工艺的不同：数字电路可分为双极型（TTL 型）和单极型（MOS 型）两类。

（3）按照电路的结构和工作原理的不同：数字电路可分为组合逻辑电路和时序逻辑电路两类。组合逻辑电路没有记忆功能，其输出信号只与当时的输入信号有关，而与电路以前的状态无关。时序逻辑电路具有记忆功能，其输出信号不仅和当时的输入信号有关，而且与电路以前的状态有关。

1.3　数制

关于数，大家并不陌生。在日常工作和学习中，我们已经接触过各种各样的数。这里，我们讨论数的问题，主要是从计算机的角度研究数的表示方法及其特点。

人们在长期的生产实践中，发明和积累了多种不同的计数方法，如现在广泛使用的源于阿拉伯民族文化的十进制数，钟表计时采用六十进制数，也有采用二进制的，如 2 只筷子为 1 双等。中国古代的八卦也是采用二进制信息来表示的。在数字系统中常用的进位计数制有十进制、二进制、八进制和十六进制。

说到数制，就有规则性的问题，如十进制采用"逢十进一"的进位规则，六十进制数采用"逢六十进一"的进位规则……。下面给出相关的定义。

表示数码中每一位的构成及进位的规则称为进位计数制，简称数制。

进位计数制也叫位置计数制，其计数方法是把数划分为不同的数位，当某一数位累计到一定数量之后，该位又从零开始，同时向高位进位。在这种计数制中，同一个数码在不同的数位上所表示的数值是不同的。进位计数制可以用少量的数码表示较大的数，因而被广泛采用。

一种数制中允许使用的数码符号的个数称为该数制的基数，记作 R。而某个数位上数码为 1 时所表征的数值，称为该数位的权值，简称"权"。各个数位的权值均可表示成 R^i 的形式，其中 i 是各数位的序号。利用基数和"权"的概念，可以把一个 R 进制数 D 用下列形式表示：

$$D_R = (a_{n-1}a_{n-2}\cdots a_1 a_0 a_{-1} a_{-2}\cdots a_{-m})_R$$
$$= a_{n-1} \times R^{n-1} + a_{n-2} \times R^{n-2} + \cdots + a_0 \times R^0 + a_{-1} \times R^{-1} + \cdots + a_{-m} \times R^{-m}$$
$$= \sum_{i=-m}^{n-1} a_i \times R^i \tag{5-1}$$

式中，n 是整数部分的位数，m 是小数部分的位数，R 是基数，R^i 称为第 i 位的权，a_i 是第 i 位的系数，是 R 进制中 R 个数字符号中的任何一个，即 $0 \leqslant a_i \leqslant R-1$。所以，某个数位上的数码 a_i 所表示的数值等于数码 a_i 与该位的权值 R^i 的乘积。

式（5-1）等号左边的形式，为数制 R 的位置计数法，也叫并列表示法；等号右边的形式，

称之为 R 进制的多项式表示法，也叫按权展开式。

注意，为了避免在用到多种进制时可能出现的混淆，本书用下标形式来表示特定数的基数，如 D_R 表示 R 进制的数 D。

1. 十进制数

自古以来，人们在日常生活中习惯使用的是十进计数制，这可能与人有十个手指这一事实有关。十进制的基数 R 为 10，采用十个数码符号 0、1、2、3、4、5、6、7、8、9 来表示一个数的大小（如果是小数的话，还需要有一个小数点符号"."），这样的若干个数码符号并列在一起即可表示一个十进制数。十进制的表示常用下标 10、D 或缺省不作任何标记。如十进制数 98 可以表示为：98_{10}，98_D，或 98。

对照公式(5-1)，十进制的按权展开式如下：

$$D_{10} = \sum_{i=-m}^{n-1} a_i \times 10^i \tag{5-2}$$

式中，n 是整数部分的位数，m 是小数部分的位数，a_i 是数码 0～9 中的一个。

例如，十进制数 368.25，小数点左边的第一位为个位，8 代表 8；左边第二位为十位，6 代表 6×10；左边第三位为百位，3 代表 3×100；而小数点右边第一位为十分位，2 代表 2×10^{-1}；右边第二位为百分位，5 代表 5×10^{-2}。由此可以看出，处于不同位置的数字符号代表着不同的意义，也就是说有不同的权值。这 5 个数中 3 的权最大，称之为最高位有效数字(MSB)，5 的位权最小，称之为最低有效数字(LSB)。

小数点用来区分一个数的整数和小数部分。更准确地讲，相对于小数点不同位置所含权的大小可用 10 的幂表示。也就是说，10 进制数各位的权值为 10^i，i 是各数位的序号。可以用数 2745.214 为例，如图 5-4 所示，以小数点为界，整数部分为 10 的正次幂，小数部分为 10 的负次幂。所以，该数的按权展开式如下：

$$2745.214 = 2 \times 10^3 + 7 \times 10^2 + 4 \times 10^1 + 5 \times 10^0 + 2 \times 10^{-1} + 1 \times 10^{-2} + 4 \times 10^{-3}$$

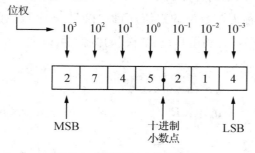

图 5-4　位权用 10 的幂表示

十进制数的计数规律是：低位向其相邻高位"逢十进一，借一为十"。也就是说，每位数累计不能超过 10，计满 10 就应向高位进 1；而从高位借来的 1，就相当于低位的数 10。十进制各位的权值为 10^i，i 是各数位的序号。

一般情况，N 位十进制，可表示 10^N 个不同的数值，从 0 开始并包括 0，其最大数为 10^N-1。

2. 二进制数

在数字系统中，十进制不便于实现。例如，很难设计一个电子器件，使其具有 10 个不同的电平（每一个电压值对应于 0～9 中的一个数字）。相反，设计一个具有两个工作电平的电子电路却很容易。而二进制数只需两个状态即可表示，与机器的开关状态相对应，所以容易实现。这就是二进制在数字系统中得到广泛应用的根本原因。此外，二进制也是数字系统唯一可认识的代码。

所谓二进制，就是基数 R 为 2 的进位计数制，它只有 0 和 1 两个数码符号。二进制数一般用下标 2 或 B 表示，如 101_2，1101_B 等。

对照公式(5-1)，二进制的按权展开式如下：

$$D_2 = \sum_{i=-m}^{n-1} a_i \times 2^i \tag{5-3}$$

式中，n 是整数部分的位数，m 是小数部分的位数，a_i 是数码 0 或 1。

前面有关十进制的论述同样适用于二进制，二进制也属于位置计数体系。其中每一个二进制数字都具有特定的数值，它是用 2 的幂所表示的权，即各位的权值为 2^i，i 是各数位的序号。如图 5-5 所示。这里，二进制小数点（对应于十进制小数点）左边是 2 的正次幂，右边是 2 的负次幂。图中所示数值为 1011.101_2，为了求得与二进制数对应得十进制数，可把二进制各位数字(0 或 1)乘以位权并相加，即

$$1011.101_2 = 1\times2^3+0\times2^2+1\times2^1+1\times2^0+1\times2^{-1}+0\times2^{-2}+1\times2^{-3}$$
$$=8+0+2+1+0.5+0+0.125$$
$$=11.625_{10}$$

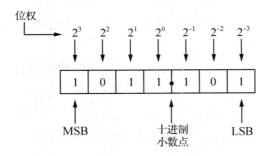

图 5-5　位权用 2 的幂表示

在二进制中，二进制数位经常称为"位"。因此，在图 5-5 所示的数中，小数点左边有 4 位，它们是该数的整数部分，小数点右边有 3 位，代表小数部分，最左边一位是最高有效位(MSB)，最右边一位是最低有效位(LSB)，在图 5-5 中，MSB 的位权是 2^3，LSB 的位权是 2^{-3}。

在二进制中,仅有"0"和"1"两个符号或可能的数值,即使如此,二进制同样可用来表示十进制或其他进制所能表示的任何数,但用二进制表示一个数所用的位数较多。

用 N 位二进制可实现 2^N 个计数,可表示的最大数是 2^N-1。

例 5-1 用 8 位二进制能表示的最大数是多少?

解:$2^N-1=2^8-1=255_{10}=11111111_2$

二进制的计数规则是:低位向相邻高位"逢二进一,借一为二"。

3. 八进制

数码为:0~7;基数是 8。

运算规律:逢八进一,即:7+1=10。

八进制数的权展开式:

如:$(207.04)8=2\times 8^2+0\times 8^1+7\times 8^0+0\times 8^{-1}+4\times 8^{-2}=(135.0625)10$

4. 十六进制

数码为:0~9、A~F;基数是 16。

运算规律:逢十六进一,即:F+1=10。

十六进制数的权展开式:

如:$(D8.A)16=13\times 16^1+8\times 16^0+10\times 16^{-1}=(216.625)10$

1.4 编码

数字系统只能识别 0 和 1,怎样才能表示更多的数码、符号、字母呢?用编码可以解决此问题。

用一定位数的二进制数来表示十进制数码、字母、符号等信息称为编码。

用以表示十进制数码、字母、符号等信息的一定位数的二进制数称为代码。

二—十进制代码:用 4 位二进制数 $b_3 b_2 b_1 b_0$ 来表示十进制数中的 0 ~ 9 十个数码。简称 BCD 码。

用四位自然二进制码中的前十个码字来表示十进制数码,因各位的权值依次为 8、4、2、1,故称 8421 BCD 码。

2421 码的权值依次为 2、4、2、1;余 3 码由 8421 码加 0011 得到;格雷码是一种循环码,其特点是任何相邻的两个码字,仅有一位代码不同,其他位相同。

1.5 逻辑代数基础

逻辑代数是按一定的逻辑关系进行运算的代数,是分析和设计数字电路的数学工具。在逻辑代数中,只有 0 和 1 两种逻辑值,有与、或、非三种基本逻辑运算,还有与或、与非、与或非、异或几种导出逻辑运算。

逻辑是指事物的因果关系,或者说条件和结果的关系,这些因果关系可以用逻辑运算来表示,也就是用逻辑代数来描述。

事物往往存在两种对立的状态,在逻辑代数中可以抽象地表示为 0 和 1,称为逻辑 0 状态和逻辑 1 状态。

逻辑代数中的变量称为逻辑变量,用大写字母表示。逻辑变量的取值只有两种,即逻辑 0 和逻辑 1,0 和 1 称为逻辑常量,并不表示数量的大小,而是表示两种对立的逻辑状态。

1.5.1　基本逻辑运算

逻辑代数的基本运算类型有三种:与、或、非。

1. 与运算——逻辑乘

有一个事件,当决定该事件的诸变量中必须全部存在,这件事才会发生,这样的因果关系称为"与"逻辑关系。例如在图 5-6(b)所示电路中,开关 A 与 B 都闭合时,灯 P 才亮,因此它们之间满足与逻辑关系。与逻辑也称为逻辑乘,其真值表如表 5-1 所示,逻辑表达式为

$$P = A \cdot B = AB$$

读成"P 等于 A 与 B",或"A 乘 B"。与逻辑运算规则表面上与算术运算一样。"与"逻辑和"或"逻辑的输入变量不一定只有二个,可以有多个。

表 5-1　与逻辑真值表及运算规则

变量		与逻辑	与逻辑运算规则
A	B	AB	
0	0	0	$0 \cdot 0 = 0$
0	1	0	$0 \cdot 1 = 0$
1	0	0	$1 \cdot 0 = 0$
1	1	1	$1 \cdot 1 = 1$

2. 或运算——逻辑加

有一个事件,当决定该事件的诸变量中只要有一个存在,这件事就会发生,这样的因果关系称为"或"逻辑关系,也称为逻辑加,或者称为或运算,逻辑加运算。

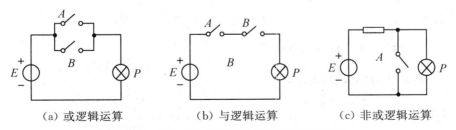

（a）或逻辑运算　　　　（b）与逻辑运算　　　　（c）非或逻辑运算

图 5-6　三种基本逻辑运算的开关模拟电路图

例如在图 5-6(a)所示电路中,灯 P 亮这个事件是由两个条件决定,只有开关 A 与 B 中有一个闭合时,灯 P 就亮。因此灯 P 与开关 A 与 B 满足或逻辑关系,表示为 $P = A + B$,读

成"P 等于 A 或 B",或者"P 等于 A 加 B"。

若以 A、B 表示开关的状态,"1"表示开关闭合,"0"表示开关断开;以 P 表示灯的状态,为"1"时,表示灯亮,为"0"时,表示灯灭。则得表 5-2,这种表称为真值表。真值表:反映逻辑变量(A、B)与函数(P)的因果关系的数学表达形式。

表 5-2　或逻辑真值表及运算规则

变量		或逻辑	或逻辑运算规则
A	B	$A+B$	
0	0	0	$0+0=0$
0	1	1	$0+1=1$
1	0	1	$1+0=1$
1	1	1	$1+1=1$

这里必须指出的是,逻辑加法与算术加法的运算规律不同,有的尽管表面上相同,但实质不同,要特别注意在逻辑代数中 $1+1=1$。

3. 非运算——非逻辑关系

当一事件的条件满足时,该事件不会发生,条件不满足时,才会发生,这样的因果关系称为"非"逻辑关系。图 5-6(c)所示电路表示了这种关系。真值表见表 5-3 所示。逻辑式为 $P=\overline{A}$,读成"P 等于 A 非"。非逻辑只有一个输入变量。

表 5-3　非逻辑真值表及运算规则

变量	非逻辑	非逻辑运算规则
A	$\overline{A}$	
0	1	$\overline{0}=1$
1	0	$\overline{1}=0$

常用的逻辑运算:

(1) 与非运算:逻辑表达式为:$Y=\overline{AB}$

(2) 或非运算:逻辑表达式为:$Y=\overline{A+B}$

(3) 异或运算:逻辑表达式为:$Y=\overline{A}B+A\overline{B}=A\oplus B$

(4) 与或非运算:逻辑表达式为:$Y=\overline{AB+CD}$

1.5.2　逻辑代数的公式和定理

1. 常量之间的关系

与运算:$0 \cdot 0=0$　$0 \cdot 1=0$　$1 \cdot 0=0$　$1 \cdot 1=1$

或运算:$0+0=0$　$0+1=1$　$1+0=1$　$1+1=1$

非运算:$\overline{1}=0$　$\overline{0}=1$

2. 基本公式

0−1律：$\begin{cases} A+0=A \\ A\cdot 1=A \end{cases}$ $\begin{cases} A+1=1 \\ A\cdot 0=0 \end{cases}$

互补律：$A+\overline{A}=1$　$A\cdot\overline{A}=0$

等幂律：$A+A=A$　$A\cdot A=A$

双重否定律：$\overline{\overline{A}}=A$

3. 基本定理

交换律：$\begin{cases} A\cdot B=B\cdot A \\ A+B=B+A \end{cases}$

结合律：$\begin{cases} (A\cdot B)\cdot C=A\cdot(B\cdot C) \\ (A+B)+C=A+(B+C) \end{cases}$

分配律：$\begin{cases} A\cdot(B+C)=A\cdot B+A\cdot C \\ A+B\cdot C=(A+B)\cdot(A+C) \end{cases}$

反演律(摩根定律)：$\begin{cases} \overline{A\cdot B}=\overline{A}+\overline{B} \\ \overline{A+B}=\overline{A}\cdot\overline{B} \end{cases}$

1.6　门电路

逻辑门电路：用以实现基本和常用逻辑运算的电子电路，简称门电路。

基本和常用门电路有与门、或门、非门(反相器)、与非门、或非门、与或非门和异或门等。

逻辑 0 和 1：电子电路中用高、低电平来表示。

获得高、低电平的基本方法：利用半导体开关元件的导通、截止(即开、关)两种工作状态。

1.6.1　半导体器件的开关特性

1. 二极管的开关特性：单向导电性。

二极管电路符号如图 5-7 所示。

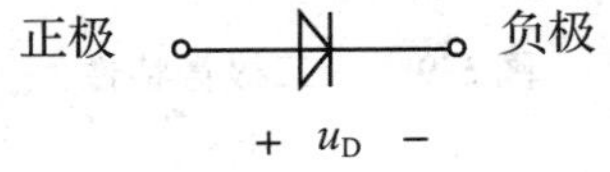

正极　—————▷|—————　负极
$+\quad u_D\quad -$

图 5-7　二极管电路符号

二极管的伏安特性曲线如图 5-8 所示。

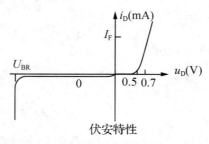

$U_i > 0.5$ V 时，二极管导通。

$U_i < 0.5$ V 时，二极管截止，$i_D = 0$。

图 5-8   二极管伏安特性曲线

2. 三极管的开关特性

三极管的工作特点及特性曲线详见表 5-4 和示意图 5-9 所示。

表 5-4   NPN 型三极管截止、放大、饱和 3 种工作状态的特点

工作状态		截止	放大	饱和
条件		$i_B = 0$	$0 < i_B < I_{BC}$	$i_B > I_{BS}$
工作特点	偏置情况	发射结反偏 集电结反偏 $u_{BE} < 0, u_{BC} < 0$	发射结正偏 集电结反偏 $u_{BE} > 0, u_{BC} < 0$	发射结正偏 集电结正偏 $u_{BE} > 0, u_{BC} > 0$
	集电极电流	$i_C = 0$	$i_C = \beta i_B$	$i_C = I_{CS}$
	CE 间电压	$u_{CE} = V_{CC}$	$u_{CE} = V_{CC} - i_C R_c$	$u_{CE} = U_{CES} = 0.3$ V
	CE 间等效电阻	很大， 相当于开关断开	可变	很小， 相当开关闭合

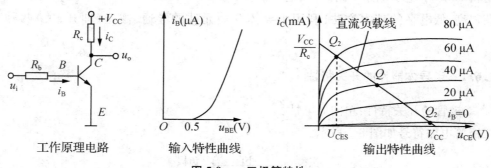

图 5-9   三极管特性

1.6.2   分立元件门电路

1. 二极管与门

二极管与门的工作原理图、真值表等详见图 5-10 所示。

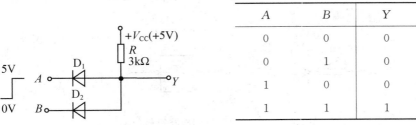

A	B	Y
0	0	0
0	1	0
1	0	0
1	1	1

真值表

工作原理图

u_A	u_B	u_Y	D_1	D_2
0 V	0 V	0.7 V	导通	导通
0 V	5 V	0.7 V	导通	截止
5 V	0 V	0.7 V	截止	导通
5 V	5 V	5 V	截止	截止

工作状态

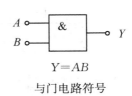

$Y=AB$

与门电路符号

图 5-10 二极管与门

2. 二极管或门

二极管或门的原理图、真值表及逻辑符号等详见图 5-11 所示。

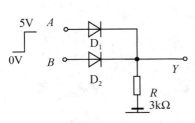

工作原理图

A	B	Y
0	0	0
0	1	1
1	0	1
1	1	1

真值表

u_A	u_B	u_Y	D_1	D_2
0 V	0 V	0 V	截止	截止
0 V	5 V	4.3 V	截止	导通
5 V	0 V	4.3 V	导通	截止
5 V	5 V	4.3 V	导通	导通

工作状态

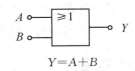

$Y=A+B$

或门的电路符号及逻辑表达式

图 5-11 二极管或门

3. 三极管非门

三极管非门的电路图、逻辑符号和真值表详见图 5-12 所示。

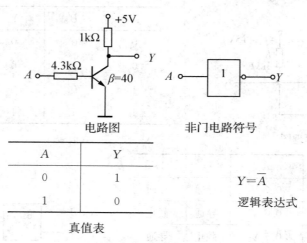

电路图   非门电路符号

A	Y
0	1
1	0

真值表

$Y=\overline{A}$

逻辑表达式

图 5-12 三极管非门

(1) $u_A=0$ V 时，三极管截止，$i_B=0$，$i_C=0$，输出电压 $u_Y=V_{CC}=5$ V

(2) $u_A=5$ V 时，三极管导通。基极电流为：

$$i_B=\frac{5-0.7}{4.3}\ \text{mA}=1\ \text{mA}$$

三极管临界饱和时的基极电流为：

$$I_{BS}=\frac{5-0.3}{30\times 1}=0.16\ \text{mA}$$

$i_B>I_{BS}$，三极管工作在饱和状态。输出电压 $u_Y=U_{CES}=0.3$ V。

任务二 主要芯片具体介绍

 工作思考

1. 你知道什么是 555 定时器吗？它有什么用处？

2. 你了解优先编码器吗？常用的是什么？

3. 你了解译码器吗？常用的都是哪种芯片？

知识链接

2.1 555 定时器

555 定时器是一种多用途的数字—模拟混合集成电路，利用它能极方便地构成施密特触发器、单稳态触发器和多谐振荡器。由于使用灵活、方便，所以 555 定时器在波形的产生与交换、测量与控制、家用电器、电子玩具等许多领域中都得到了广泛应用。

自从 Signetics 公司于 1972 年推出这种产品以后，国际上各主要的电子器件公司也都相继生产了各自的 555 定时器产品。尽管产品型号繁多，但是所有双极型产品型号最后的 3 位数码都是 555，所有 CMOS 产品型号最后的 4 位数码都是 7555。而且，它们的功能和外部引脚排列完全相同。

1. 555 芯片引脚图及引脚描述

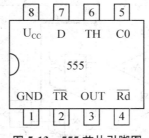

图 5-13 555 芯片引脚图

555 的 8 脚是集成电路工作电压输入端，电压为 $5 \sim 18$ V，以 U_{CC} 表示；从分压器上看出，上比较器 A_1 的 5 脚接在 R_1 和 R_2 之间，所以 5 脚的电压固定在 $2U_{CC}/3$ 上；下比较器 A_2 接在 R_2 与 R_3 之间，A_2 的同相输入端电位被固定在 $U_{CC}/3$ 上。

1 脚为地。

2 脚为触发输入端。

3 脚为输出端，输出的电平状态受触发器控制，而触发器受上比较器 6 脚和下比较器 2 脚的控制。

当触发器接受上比较器 A_1 从 R 脚输入的高电平时，触发器被置于复位状态，3 脚输出低电平。

2 脚和 6 脚是互补的，2 脚只对低电平起作用，高电平对它不起作用，即电压小于 $U_{CC}/3$，此时 3 脚输出高电平。6 脚为阈值端，只对高电平起作用，低电平对它不起作用，即输入电压大于 $2U_{CC}/3$，称高触发端，3 脚输出低电平，但有一个先决条件，即 2 脚电位必须大于 $U_{CC}/3$ 时才有效。3 脚在高电位接近电源电压 U_{CC}，输出电流最大可打 200 mA。

4 脚是复位端，当 4 脚电位小于 0.4 V 时，不管 2、6 脚状态如何，输出端 3 脚都输出低电平。

5 脚是控制端。

7 脚称放电端，与 3 脚输出同步，输出电平一致，但 7 脚并不输出电流，所以 3 脚称为实高（或低）、7 脚称为虚高。

2. 555 定时器的应用

（1）构成施密特触发器，用于 TTL 系统的接口、整形电路或脉冲鉴幅等。

（2）构成多谐振荡器，组成信号产生电路。

（3）构成单稳态触发器，用于定时延时整形及一些定时开关中。

555 应用电路采用这 3 种方式中的 1 种或多种组合起来可以组成各种实用的电子电路，

如定时器、分频器、元件参数和电路检测电路、玩具游戏机电路、音响告警电路、电源交换电路、频率变换电路、自动控制电路等。

3. 555 定时器的电路结构与工作原理

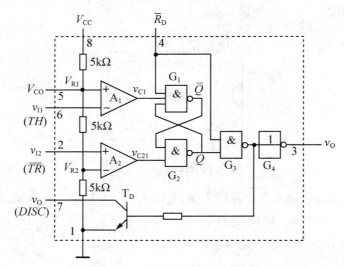

图 5-14　555 定时器的电路结构与工作原理

555 定时器的功能主要由两个比较器决定。两个比较器的输出电压控制 RS 触发器和放电管的状态。在电源与地之间加上电压,当 5 脚悬空时,则电压比较器 A_1 的同相输入端的电压为 $2V_{CC}/3$,A_2 的反相输入端的电压为 V_{CC}若触发输入端 TR 的电压小于 $V_{CC}/3$,则比较器 A_2 的输出为 0,可使 RS 触发器置 1,使输出端 OUT=1。如果阈值输入端 TH 的电压大于 $2V_{CC}/3$,同时 TR 端的电压大于 $V_{CC}/3$,则 A_1 的输出为 0,A_2 的输出为 1,可将 RS 触发器置 0,使输出为 0 电平。

它的各个引脚功能如下:

1 脚:外接电源负端 V_{SS} 或接地,一般情况下接地。

8 脚:外接电源 V_{CC},双极型时基电路 V_{CC} 的范围是 $4.5 \sim 16$ V,CMOS 型时基电路 V_{CC} 的范围为 $3\sim18$ V。一般用 5 V。

3 脚:输出端 V_O

2 脚:低触发端

6 脚:TH 高触发端

4 脚:是直接清零端。当此端接低电平,则时基电路不工作,此时不论 TR、TH 处于何电平,时基电路输出为"0",该端不用时应接高电平。

5 脚:V_C 为控制电压端。若此端外接电压,则可改变内部两个比较器的基准电压,当该端不用时,应将该端串入一只 $0.01\ \mu F$ 电容接地,以防引入干扰。

7 脚:放电端。该端与放电管集电极相连,用做定时器时电容的放电。

在 1 脚接地,5 脚未外接电压,两个比较器 A1、A2 基准电压分别为 $V_{CC}/3$、$2V_{CC}/3$ 的情况下,555 时基电路的功能表如表 5-5 所示。

表 5-5　555 时基电路的功能表

清零端	高触发端 TH	低触发端	Q	放电管 T	功能
0	×	×	0	导通	直接清零
1	0	1	×	保持上一状态	保持上一状态
1	1	0	×	保持上一状态	保持上一状态
1	0 1	0 1	1 0	导通截止	置 1 清零

4. 555 定时器与触发器的联系

（1）555 定时器构成单稳态触发器

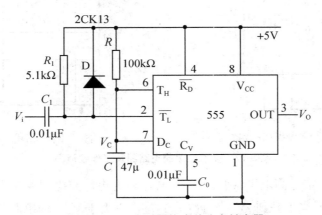

图 5-15　555 定时器构成单稳态触发器

如图 5-15 是由 555 定时器和外接定时元件 R、C 构成的单稳态触发器。D 为钳位二极管,稳态时 555 电路输入端处于电源电平,内部放电开关管 T 导通,输出端 V_o 输出低电平,当有一个外部负脉冲触发信号加到 V_i 端。并使 2 端电位瞬时低于 $V_{CC}/3$,低电平比较器动作,单稳态电路即开始一个稳态过程,电容 C 开始充电,V_C 按指数规律增长。当 V_C 充电到 $2V_{CC}/3$ 时,高电平比较器动作,比较器 A_1 翻转,输出 V_o 从高电平返回低电平,放电开关管 T 重新导通,电容 C 上的电荷很快经放电开关管放电,暂态结束,恢复稳定,为下个触发脉冲的来到做好准备。波形如图 5-16 所示。

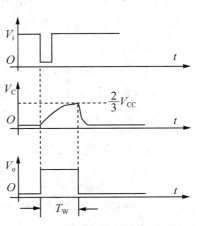

图 5-16　单稳态触发器波形图

暂稳态的持续时间 T_w（即为延时时间）决定于外接元件 R、C 的大小。

$$T_\text{w}=1.1RC$$

通过改变 R、C 的大小,可使延时时间在几微秒和几十分钟之间变化。当这种单稳态电路作为计时器时,可直接驱动小型继电器,并可采用复位端接地的方法来终止暂态,重新计时。此外需用一个续流二极管与继电器线圈并接,以防继电器线圈反电势损坏内部功率管。

（2）555 定时器构成多谐振荡器

多谐振荡器如图 5-17 所示,又称为无稳态触发器,它没有稳定的输出状态,只有两个暂稳态。在电路处于某一暂稳态后,经过一段时间可以自行触发翻转到另一暂稳态。两个暂稳态自行相互转换而输出一系列矩形波。多谐振荡器可用作方波发生器。

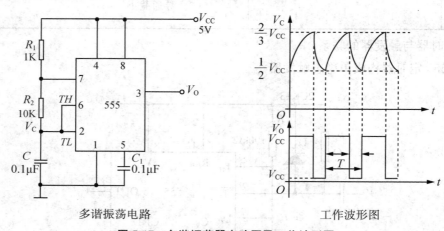

多谐振荡电路　　　　　　　　工作波形图

图 5-17　多谐振荡器电路图及工作波形图

接通电源后,假定是高电平,则 T 截止,电容 C 充电。充电回路是 V_CC—R_1—R_2—C—地,按指数规律上升,当上升到 $2V_\text{CC}/3$ 时（TH、端电平大于 V_C）,输出翻转为低电平。V_O 是低电平,T 导通,C 放电,放电回路为 C—R_2—T—地,按指数规律下降,当下降到 $V_\text{CC}/3$ 时（TH、端电平小于 V_C）,输出翻转为高电平,放电管 T 截止,电容再次充电,如此周而复始,产生振荡,经分析可得

输出高电平时间 $T=(R_1+R_2)C\ln 2$

输出低电平时间 $T=R_2C\ln 2$

振荡周期 $T=(R_1+2R_2)C\ln 2$

2.2　优先编码器 74LS148

它允许同时输入两个以上编码信号。不过在设计优先编码器时已经将所有的输入信号按优先顺序排了队,当几个输入信号同时出现时,只对其中优先权最高的一个进行编码。

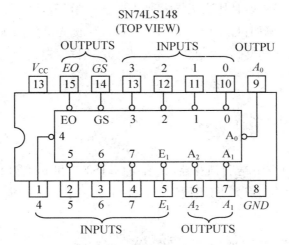

图 5-18　优先编码器 74LS148

74LS148 优先编码器管脚功能介绍：它为 16 脚的集成芯片，电源是 V_{CC}(16) GND(8)，$I_0 \sim I_7$ 为输入信号，A_2，A_1，A_0 为三位二进制编码输出信号，IE 是使能输入端，OE 是使能输出端，GS 为片优先编码输出端。

使能端 OE(芯片是否启用)的逻辑方程：

$OE = I_0 \cdot I_1 \cdot I_2 \cdot I_3 \cdot I_4 \cdot I_5 \cdot I_6 \cdot I_7 \cdot IE$

当 OE 输入 $IE = 1$ 时，禁止编码、输出(反码)：A_2，A_1，A_0 为全 1。

当 OE 输入 $IE = 0$ 时，允许编码，在 $I_0 \sim I_7$ 输入中，输入 I_7 优先级最高，其余依次为：I_6，I_5，I_4，I_3，I_2，I_1，I_0 等级排列。

表 5-6　优先编码器功能表

输入									输出				
EI	I_0	I_1	I_2	I_3	I_4	I_5	I_6	I_7	A_2	A_1	A_0	GS	EO
1	×	×	×	×	×	×	×	×	1	1	1	1	1
0	1	1	1	1	1	1	1	1	1	1	1	1	0
0	×	×	×	×	×	×	×	0	0	0	0	0	1
0	×	×	×	×	×	×	0	1	0	0	1	0	1
0	×	×	×	×	×	0	1	1	0	1	0	1	0
0	×	×	×	×	0	1	1	1	0	1	1	1	0
0	×	×	×	0	1	1	1	1	1	0	0	1	0
0	×	×	0	1	1	1	1	1	1	0	1	1	0
0	×	0	1	1	1	1	1	1	1	1	0	1	0
0	0	1	1	1	1	1	1	1	1	1	1	1	0

从以上的的功能表中可以得出，74LS148 输入端优先级别的次序依次为 I_7，I_6，…，I_0。

当某一输入端有低电平输入,且比它优先级别高的输入端没有低电平输入时,输出端才输出相应该输入端的代码。例如:$I_5 = 0$ 且 $I_6 = I_7 = 1$(I_6、I_7 优先级别高于 I_5)则此时输出代码 010(为(5)10=(101)2 的反码)这就是优先编码器的工作原理。

2.3　锁存器 54/74373

八 D 锁存器(3S,锁存允许输入有回环特性)

简要说明:

373 为三态输出的八 D 透明锁存器,共有 54/74S373 和 54/74LS373 两种线路结构型式,其主要电器特性的典型值如下(不同厂家具体值有差别):

型号	tPd	PD
54S373/74S373	7 ns	525 mW
54LS373/74LS373	17 ns	120 mW

373 的输出端 $O_0 \sim O_7$ 可直接与总线相连。

当三态允许控制端 OE 为低电平时,$O_0 \sim O_7$ 为正常逻辑状态,可用来驱动负载或总线。当 OE 为高电平时,$O_0 \sim O_7$ 呈高阻态,既不驱动总线,也不为总线的负载,但锁存器内部的逻辑操作不受影响。

当锁存允许端 LE 为高电平时,O 随数据 D 而变。当 LE 为低电平时,O 被锁存在已建立的数据电平。

当 LE 端施密特触发器的输入滞后作用,使交流和直流噪声抗扰度被改善 400 mV。

引出端符号:

$D_0 \sim D_7$　　　　　　数据输入端

　OE　　　三态允许控制端(低电平有效)

　LE　　　　　　锁存允许端

$O_0 \sim O_7$　　　　　　　输出端

外部管腿图(如图 5-19 所示)、逻辑图(如图 5-20 所示)、真值表(如表 5-7 所示)。

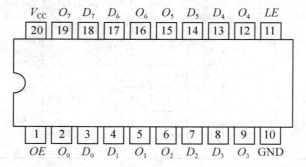

图 5-19　锁存器 74LS373 外部管腿图

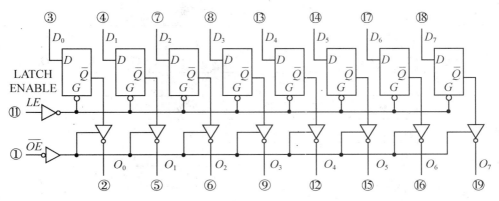

图 5-20　锁存器 74LS373 逻辑图

表 5-7　锁存器 74LS373 真值表

D_n	LE	OE	Q_n
H	H	L	H
L	H	L	L
$\times$	L	L	Q_0
$\times$	$\times$	H	高阻态

2.4　计数器 74LS192

74LS192 是同步十进制可逆计数器,它具有双时钟输入,并具有清除和置数等功能,其引脚排列及逻辑符号如图 5-21 所示。

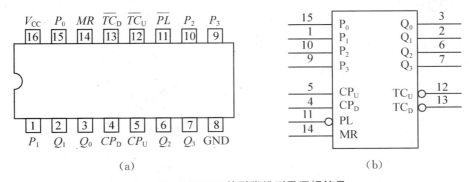

（a）　　　　　　　　　　　　　　　　（b）

图 5-21　74LS192 的引脚排列及逻辑符号

图中:$\overline{PL}$ 为置数端,CP_U 为加计数端,CP_D 为减计数端,TC_U 为非同步进位输出端,TC_D 为非同步借位输出端,P_0、P_1、P_2、P_3 为计数器输入端,MR 为清除端,Q_0、Q_1、Q_2、Q_3 为数据输出端,如表 5-8 所示。

表 5-8　74LS192 其功能表

输　入								输　出			
MR	$\overline{PL}$	CP_U	CP_D	P_3	P_2	P_1	P_0	Q_3	Q_2	Q_1	Q_0
1	×	×	×	×	×	×	×	0	0	0	0
0	0	×	×	d	c	b	a	d	c	b	a
0	1	1	×	×	×	×	×	加计数			
0	1		1	×	×	×	×	减计数			

2.5　译码器 74LS47

74LS47 是 BCD-7 段数码管译码器/驱动器,74LS47 的功能用于将 BCD 码转化成数码块中的数字,通过它解码,可以直接把数字转换为数码管的显示数字,从而简化了程序,节约了单片机的 IO 开销。但是由于目前从节约成本的角度考虑,此类芯片已较少用,大部份情况下都是用动态扫描数码管的形式来实现数码管显示。

译码为编码的逆过程。它将编码时赋予代码的含义"翻译"过来。实现译码的逻辑电路成为译码器。译码器输出与输入代码有唯一的对应关系。74LS47 是输出低电平有效的七段字形译码器,它在这里与数码管配合使用,表中列出了 74LS47 的真值表,表示出了它与数码管之间的关系。

输入输出显示数字符号:

LT(——) RBI(——) A_3 A_2 A_1 A_0 BI(—)/RBO(———)

a(—) b(—) c(—) d(—) e(—) f(—) g(—)

1 1 0 0 0 0 1 0 0 0 0 0 0 1 0

1 × 0 0 0 1 1 1 0 0 1 1 1 1 1

1 × 0 0 1 0 1 0 0 1 0 0 1 0 2

1 × 0 0 1 1 1 0 0 0 0 1 1 0 3

1 × 0 1 0 0 1 1 0 0 1 1 0 0 4

1 × 0 1 0 1 1 0 1 0 0 1 0 0 5

1 × 0 1 1 0 1 1 1 0 0 0 0 0 6

1 × 0 1 1 1 1 0 0 0 1 1 1 1 7

1 × 1 0 0 0 1 0 0 0 0 0 0 0 8

1 × 1 0 0 1 1 0 0 0 1 1 0 0 9

× × × × × × 0 1 1 1 1 1 1 1 熄灭

1 0 0 0 0 0 0 1 1 1 1 1 1 1 熄灭

0 × × × × × 1 0 0 0 0 0 0 8

1. LT(——):试灯输入,是为了检查数码管各段是否能正常发光而设置的。当

$LT(——)=0$ 时,无论输入 A_3,A_2,A_1,A_0 为何种状态,译码器输出均为低电平,若驱动的数码管正常,是显示 8。

2. $BI(—)$:灭灯输入,是为控制多位数码显示的灭灯所设置的。$BI(—)=0$ 时。不论 $LT(——)$ 和输入 A_3,A_2,A_1,A_0 为何种状态,译码器输出均为高电平,使共阳极 7 段数码管熄灭。

3. $RBI(——)$:灭零输入,它是为使不希望显示的 0 熄灭而设定的。当对每一位 $A_3=A_2=A_1=A_0=0$ 时,本应显示 0,但是在 $RBI(——)=0$ 作用下,使译码器输出全 1。其结果和加入灭灯信号的结果一样,将 0 熄灭。

4. $RBO(——)$:灭零输出,它和灭灯输入 $BI(—)$ 共用一端,两者配合使用,可以实现多位数码显示的灭零控制。

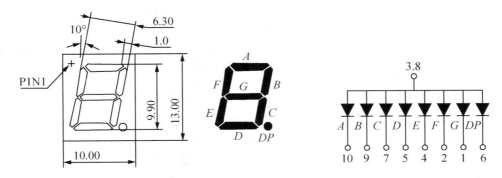

图 5-22　七段数码管引脚图

数码管使用条件:

(1) 段及小数点上加限流电阻;

(2) 使用电压:段:根据发光颜色决定;小数点:根据发光颜色决定;

(3) 使用电流:静态:总电流 80 mA(每段 10 mA);动态:平均电流 4~5 mA;峰值电流 100 mA。

上面这个只是七段数码管引脚图,其中共阳极数码管引脚图和共阴极的是一样的。

数码管使用注意事项说明:

(1) 数码管表面不要用手触摸,不要用手去弄引角;

(2))焊接温度:260 ℃;焊接时间:5 s;

(3) 表面有保护膜的产品,可以在使用前撕下来。

这类数码管可以分为共阳极与共阴极两种,共阳极就是把所有 LED 的阳极连接到共同接点 COM,而每个 LED 的阴极分别为 A、B、C、D、E、F、G 及 DP(小数点);共阴极则是把所有 LED 的阴极连接到共同接点 COM,而每个 LED 的阳极分别为 A、B、C、D、E、F、G 及 DP(小数点),如图 5-23 所示。图 5-22 中的 8 个 LED 分别与图 5-22 中的 A~DP 各段相对应,通过控制各个 LED 的亮灭来显示数字。

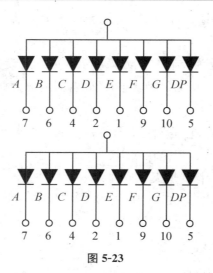

图 5-23

那么,实际的数码管的引脚是怎样排列的呢? 对于单个数码管来说,从它的正面看进去,左下角那个脚为 1 脚,以逆时针方向依次为 1~10 脚,左上角那个脚便是 10 脚了,上面图 5-22、图 5-23 中的数字分别与这 10 个管脚一一对应。注意,3 脚和 8 脚是连通的,这两个都是公共脚。

还有一种比较常用的是四位数码管,内部的 4 个数码管共用 A~DP 这 8 根数据线,为人们的使用提供了方便,因为里面有 4 个数码管,所以它有 4 个公共端,加上 A~DP,共有 12 个引脚,下面便是一个共阴的四位数码管的内部结构图(共阳的与之相反)。引脚排列依然是从左下角的那个脚(1 脚)开始,以逆时针方向依次为 1~12 脚,图 5-24 中的数字与之一一对应。

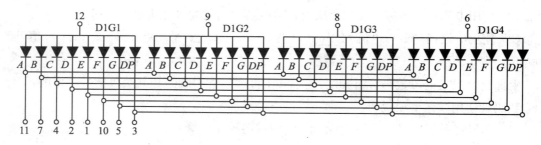

图 5-24

管脚顺序:从数码管的正面观看,以第一脚为起点,管脚的顺序是逆时针方向排列。

12—9—8—6→公共脚

A—11 B—7 C—4 D—2 E—1 F—10 G—5 DP—3

任务三　八路抢答器的安装与调试

任务描述

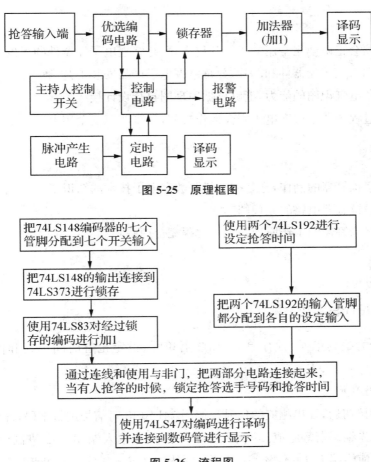

图 5-25　原理框图

图 5-26　流程图

　　要求学生根据原理框图和流程图,运用数字逻辑电路的基本知识,应用常用的集成芯片,设计一个 8 位数字抢答器。设计要求包括:

　　1. 抢答器可同时供 8 名选手或 8 个代表队比赛,分别用 8 个按钮 $S_0 \sim S_7$ 表示。

　　2. 设置一个系统清除和抢答控制开关 S,该开关由主持人控制。

　　3. 抢答器具有锁存与显示功能。即选手按动按钮,锁存相应的编号,并在优先抢答选手的编号一直保持到主持人将系统清除为止。

　　4. 抢答器具有定时抢答功能,且一次抢答的时间由主持人设定(如,60 秒)。当主持人起动"开始"键后,定时器进行减计时。

　　5. 参赛选手在设定的时间内进行抢答,抢答有效,定时器停止工作,显示器上显示选手

125

的编号和抢答的时间,并保持到主持人将系统清除为止。

6. 如果定时时间已到,无人抢答,本次抢答无效,系统通过一个指示灯报警并禁止抢答,定时显示器上显示00。

任务结束后,需组内互相检查,合格后经指导教师检查合格,方可通电。

能力目标

1. 学生必须会正确使用常用的工具和仪表,熟练掌握电子元器件的焊接方法。
2. 会正确选用电子元器件和芯片,熟练掌握电子产品安装工艺。
3. 学生具备电气识图的能力,能够根据原理图自行设计接线图。
4. 在工作过程中严格遵守电工安全操作规程,时刻注意安全用电。

工作思考

1. 通过数字抢答器的制作,你掌握了相关数字电子技术的知识了吗?
2. 你能读懂抢答器电路的原理图吗?
3. 你对八路抢答器的工作原理和工作过程完全理解吗?

知识链接

3.1 单元电路设计与实现

整个电路分为编码单元、锁存单元、加法器单元、设定抢答时间单元和译码单元五个部分。

1. 优先编码单元

在选手按动按钮后,发出相应的信号。使用 74LS148 对信号进行编码,优先判决器是由 74LS148 集成优先编码器等组成。该编码器有 8 个信号输入端,3 个二进制码输出端,输入使能端 EI,输出使能端 EO 和优先编码工作状态标志 GS。其功能表如表 5-9 所示。从功能表中可以看出当 $EI=$"0"时,编码器工作,而当 $EI=$"1"时,则不论 8 个输入端为何种状态,输出端均为"1",且 GS 端和 EO 端为"1",编码器处于非工作状态,这种情况被称为输入低电平有效。

表 5-9　优先编码器 74LS148 功能表

输　　入									输　　出				
EI	I_0	I_1	I_2	I_3	I_4	I_5	I_6	I_7	A_2	A_1	A_0	GS	EO
1	×	×	×	×	×	×	×	×	1	1	1	1	1
0	1	1	1	1	1	1	1	1	1	1	1	1	0
0	×	×	×	×	×	×	×	0	0	0	0	0	1
0	×	×	×	×	×	×	0	1	0	0	1	0	1

输　　入								输　　出				
EI	I_0	I_1	I_2	I_3	I_4	I_5	I_6	I_7	A_2	A_1	A_0	GS	EO
0	×	×	×	×	0	1	1	1	0	1	0	0	1
0	×	×	×	×	0	1	1	1	0	1	1	0	1
0	×	×	×	0	1	1	1	1	1	0	0	0	1
0	×	×	0	1	1	1	1	1	1	0	1	0	1
0	×	0	1	1	1	1	1	1	1	1	0	0	1
0	0	1	1	1	1	1	1	1	1	1	1	0	1

（表中×代表任意状态）

由如图 5-27 所示,当抢答开关 $S_1 \sim S_7$ 中的一个按下时,编码器输出相应按键对应的二进制代码,低电平有效。编码器输出 $A_O \sim A_2$、工作状态标志 GS 作为锁存器电路的输入信号,而输入使能端 EI 端应和锁存器电路的 Q_0 端相联接,目的是为了在 EI 端为"1"时锁定编码器的输入电路,使其他输入开关不起作用。具体实现电路为:

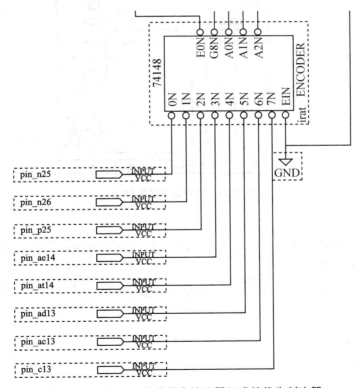

图 5-27　74LS148 集成优先编码器组成的优先判决器

2. 锁存单元

74LS373 的真值表中:

L——低电平;

H——高电平;

X——不定态；

Q_0——建立稳态前 Q 的电平；

G——输入端，与 8031ALE 连高电平:畅通无阻低电平:关门锁存；

OE——使能端，接地。

当 $G=$ "1" 时，74LS373 输出端 $Q_1 \sim Q_8$ 与输入端 $D_1 \sim D_8$ 相同；

当 G 为下降沿时，将输入数据锁存。

那么按照实验的要求，编码器的输入就只有三个，因此只用到 Q_1 到 Q_3，而 Q_4 接上 74LS148 的 GSN，再和 74LS373 的输出 D_4 通过与非门连接起来，输到 74LS373 的 G 端口。从而达到锁存的目的。具体电路图如图 5-28 所示。

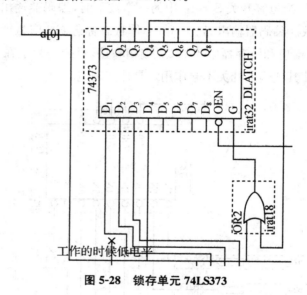

图 5-28 锁存单元 74LS373

3. 加法器单元

由于选手输入的是 0 到 7，所以要每个都加上 1，让数码管显示的是 1 到 8，因此要使用加法器。加法器的真值表为：

$A_1[A_3]$ $B_1[B_3]$ $A_2[A_4]$ $B_2[B_4]$ | $S_1[S_3]$ $S_2[S_4]$ $C_2[C_4]$ | $S_1[S_3]$ $S_2[S_4]$ $C_2[C_4]$

L L L L | L L L | H L L

H L L L | H L L | L H L

L H L L | H L L | L H L

H H L L | L H L | H H L

L L H L | L H L | H H L

H L H L | H H L | L L H

L H H L | H H L | L L H

```
H H H L | L L H | H L H
L L L H | L H L | H H L
H L L H | H H L | L L H
L H L H | H H L | L L H
H H L H | L L H | H L H
L L H H | L L H | H L H
H L H H | H L H | L H H
L H H H | H L H | L H H
H H H H | L H H | H H H
```

因此要使加法器加上 1，那么，令 74LS83 的 A_1，A_2，A_3 对应 74LS373 的 Q_1，Q_2，Q_3 作为输入的数据，而 B_1，B_2，B_3，B_4，A_4 则接地。具体的电路图如图 5-29 所示。

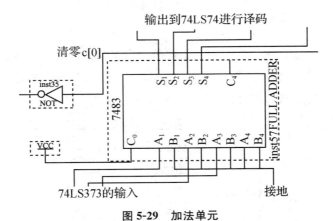

图 5-29　加法单元

4. 设定抢答时间单元

74LS192 是双时钟方式的十进制可逆计数器。（BCD，二进制）

CPU 为加计数时钟输入端，CPD 为减计数时钟输入端。

LD 为预置输入控制端，异步预置。

CR 为复位输入端，高电平有效，异步清除。

CO 为进位输出：1001 状态后负脉冲输出，

BO 为借位输出：0000 状态后负脉冲输出。

因此设定脉冲输入后，需要使用两个 74LS192，一个作为个位，一个作为十位。个位的 BO 连接到十位的脉冲输入，74LS192 是双时钟方式的十进制可逆计数器。（BCD，二进制）CPU 为加计数时钟输入端，CPD 为减计数时钟输入端。LD 为预置输入控制端，异步预置。CR 为复位输入端，高电平有效，异步清除。CO 为进位输出：1001 状态后负脉冲输出，BO 为借位输出：0000 状态后负脉冲输出。

因此设定脉冲输入后，需要使用两个 74LS192，一个作为个位，一个作为十位。个位的

BO 连接到十位的脉冲输入，十位的 BO 就连接到脉冲，表示时间到的时候脉冲不对 74LS194 作用。具体的电路如下：

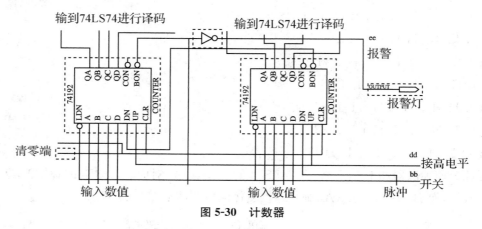

图 5-30　计数器

（5）译码单元

译码为编码的逆过程。它将编码时赋予代码的含义"翻译"过来。实现译码的逻辑电路成为译码器。译码器输出与输入代码有唯一的对应关系。74LS47 是输出低电平有效的七段字形译码器，它在这里与数码管配合使用。具体的连接电路为：

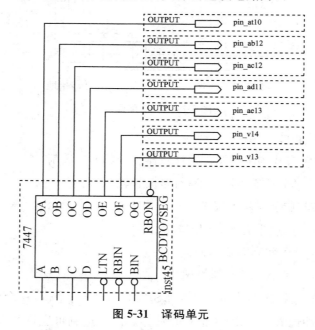

图 5-31　译码单元

管脚分配为：SW0 到 SW7 为选手的编号，分别为 1 到 8。SW8 到 SW11 为设定抢答时间的个位，SW12 到 SW15 是设定抢答时间的十位。SW16 为设定抢答时间的置位端。SW17 为开始键。

3.2 测试

主持人先按下置位端,就可以设定抢答时间,按照个位和十位的拨动开关设定,在对应的数码管上可以看到相应的抢答时间。然后主持人就可以按下开关让选手抢答,这时候抢答时间开始自减,在这个时间内,如果有选手抢答,数码管上会显示相应的选手号,在这个时候,如果有其他的选手也按下了抢答按钮,显示器不会显示。如果在抢答时间内没有人抢答,显示抢答时间的数码管就会显示 00,而且有报警灯闪。当主持人要进行下一轮的抢答,可以拨动开关 SW16 作为清零,重新开始抢答。

 自我检查

1. 元器件的安装正确,各元器件安装整齐,结构紧凑,美观大方。
2. 元器件的型号、规格符合要求。
3. 焊接方法正确,焊点圆滑、饱满。
4. 能够实现八路的抢答、报警及显示。
5. 能够排除电路的常见故障,并且对抢答器进行调试。

知识技术归纳

1. 显示电路不稳定问题

在完成电路的焊接进入调试阶段时发现抢答器数码管显示选手编号不稳定。主要表现在当选手按下抢答键后数码管显示的不是选手当前号码。因此着手对电路进行检查,首先检查数码管看是否存在焊接错误,然后再检查电路各个芯片管脚是否接错,均未发现问题,最后发现当触动某按键连线时显示正常,由此判断可能是因为出现了虚焊,遂将电路各焊点又仔细焊接了一遍,此时电路显示正常。

2. 控制开关无法控制电路

在调试时发现当按下主持人开关时电路断电,当松开后数码管显示始终为 7,经过用万用表对电路逐个检查,发现是开关处焊接错误,通过改正后电路能正常工作。

3. 数码管不能正常倒计时

在进入定时电路调试时,发现数码管不能正常倒计时,出现乱码。对这个问题首先应检查芯片是否完好,电路接线是否正确,电焊连接部分有无短接现象,经逐一排查后,数码管恢复正常工作。

自我创新

现代社会,计算机水平发展迅速,我们也都接触了很多的计算机控制技术,你能否利用计算机的控制技术或其他的集成芯片,完成八路抢答器的制作,试试吧!

参 考 文 献

［1］君兰工作室.维修电工实用技能.北京：科学出版社,2011.

［2］李群.电工技术一点通.北京：科学出版社.2008.

［3］门宏.看图识电子小制作.北京：电子工业出版社.2011.

［4］方大千,方亚平,方亚敏,等.趣味实用电子小制作200例.北京：中国电力出版社.2011.